油气储运工程师技术岗位资质认证丛书

安全工程师

中国石油天然气股份有限公司管道分公司　编

石油工业出版社

内 容 提 要

本书系统介绍了油气储运安全工程师所应掌握的专业基础知识、技术管理及相关知识，并分三个层级给出相应的测试试题。其中，第一部分专业基础知识重点介绍了安全生产基本知识、事故及预防控制等知识；第二部分技术管理及相关知识重点介绍了风险隐患管理、安全目视化管理、安全环保教育、职业健康管理、环境保护管理、交通安全管理、消防安全管理、施工安全管理、安全检查、应急管理、事故事件管理和 HSE 信息系统应用等管理内容；第三部分为试题集，是评估相关从业人员岗位胜任能力的标准。

本书适用于油气储运安全工程师技术岗位和相关管理岗位人员阅读，可作为业务指导及资质认证培训、考核用书。

图书在版编目（CIP）数据

安全工程师／中国石油天然气股份有限公司管道分公司编. —北京：石油工业出版社，2018.1

（油气储运工程师技术岗位资质认证丛书）

ISBN 978-7-5183-2111-7

Ⅰ.①安… Ⅱ.①中… Ⅲ.①石油与天然气储运–安全生产–技术培训–教材 Ⅳ.①TE978

中国版本图书馆 CIP 数据核字（2017）第 223532 号

出版发行：石油工业出版社
　　　　　（北京安定门外安华里 2 区 1 号　100011）
　　　　　网　址：www.petropub.com
　　　　　编辑部：(010)64523583　图书营销中心：(010)64523633
经　　销：全国新华书店
印　　刷：北京中石油彩色印刷有限责任公司

2018 年 1 月第 1 版　2018 年 1 月第 1 次印刷
787×1092 毫米　开本：1/16　印张：13.75
字数：325 千字

定价：65.00 元

《安全工程师》编写组

主　编：曹涛

成　员：王　洋　杨　帆　常　征　刘寒冰

《安全工程师》审核组

大纲审核

主　审：南立团　王大勇　伍　焱

副主审：税碧垣　吴志宏

成　员：陈晓虎　姜玉梅　宋兆勇　苏　奇

　　　　尤庆宇　孟令新

内容审核

主　审：樊江涛

副主审：宋　飞

成　员：佟德斌　史红国　邵　建　陈晓虎

　　　　田华宁　来　源　苏　奇　尤庆宇

　　　　吴凯旋

体例审核

孙　鸿　吴志宏　杨雪梅　朱成林　张宏涛　吴凯旋

前　言

　　《油气储运工程师技术岗位资质认证丛书》是针对油气储运工程师技术岗位资质培训的系列丛书。本丛书按照专业领域及岗位设置划分编写了《工艺工程师》《设备(机械)工程师》《电气工程师》《管道工程师》《维抢修工程师》《能源工程师》《仪表自动化工程师》《计量工程师》《通信工程师》和《安全工程师》10个分册。对各岗位工作任务进行梳理，以此为依据，本着"干什么、学什么，缺什么、补什么"的原则，按照统一、科学、规范、适用、可操作的要求进行编写。作者均为生产管理、专业技术等方面的骨干力量。

　　每分册内容分为三部分，第一部分为专业基础知识，第二部分为管理内容，第三部分为试题集。其中专业基础知识、管理内容不分层级，试题集按照难易度和复杂程度分初、中、高三个资质层级，基本涵盖了现有工程师岗位人员所必须的知识点和技能点，内容上力求做到理论和实际有机结合。

　　《安全工程师》分册由中国石油管道公司质量安全环保处牵头，大庆输油气分公司、秦皇岛输油气分公司、中原输油气分公司等单位参与编写。其中，第一部分第一章、第二章由曹涛编写；第二部分第三章、第四章、第八章、第九章由王洋编写，第五章、第十三章、第十四章由刘寒冰编写，第六章、第七章、第十一章由杨帆编写，第十章、第十二章由常征编写；第三部分试题集由对应内容作者编写。全书由曹涛统稿，最后由审核组审定。

　　在编写过程中，编写人员克服了时间紧、任务重等困难，占用大量业余时间，编者所在的单位和部门给予了大力的支持，在此一并表示感谢。因作者水平有限，内容难免存在不足之处，恳请广大读者批评指正，以便修订完善。

编　者

目 录

第三部分　安全工程师资质认证试题集

安全工程师工作任务和工作标准清单

工作步骤、目标结果、行为标准

序号	工作任务	输油、输气站 初级	输油、输气站 中级	输油、输气站 高级	维抢修单位 初级	维抢修单位 中级	维抢修单位 高级
业务模块一：风险隐患管理							
1	危害因素管理	(1) 组织危害因素排查，汇总各专业危害因素排查，建立站队《危害因素排查清单》，建立站队危害因素台账；(2) 组织危害因素风险评价，形成站队《危害因素风险评价清单》，上报分公司	(1) 指导员工按照三种时态、三种状态开展危害因素识别与评价、制订控制措施；(2) 对站队危害因素的风险控制措施落实执行情况进行日常监督检查	判断各专业危害因素识别、评价订是否准确、全面	(1) 组织各专业危害因素排查，汇总《危害因素排查清单》，建立站队危害因素台账；(2) 组织危害因素风险评价，形成站队《危害因素风险评价清单》，上报分公司	(1) 指导员工按照三种时态、三种状态开展危害因素识别与评价，制订控制措施；(2) 对站队危害因素控制措施落实执行情况进行日常监督检查	判断各专业危害因素识别、评价及措施制订是否准确、全面
2	事故隐患管理	(1) 建立站队隐患管理台账，每月对站队隐患排查治理情况进行登记、上报；(2) 识别、排查安全环保专业隐患	(1) 指导开展隐患识别与评估、制订控制措施；(2) 对隐患监控落实执行情况进行日常监督检查	判定隐患措施的有效性、以及治理措施是否到位、判定治理是否产生新的隐患	(1) 建立站队隐患管理台账，每月对站队隐患排查治理情况进行登记、上报；(2) 识别、排查全安全环保专业隐患	(1) 指导开展隐患识别与评估，制订控制措施；(2) 对隐患监控落实执行情况进行日常监督检查	判定隐患措施的有效性，以及治理措施是否到位，判定治理是否产生新的隐患
3	重大危险源管理	(1) 辨识并建立站队重大危险源管理台账；(2) 配合重大危险源申报备案工作	对重大危险源监控措施落实执行情况进行日常监督检查				

序号	工作任务	输油、输气站 初级	中级	高级	维抢修单位 初级	中级	高级
4	危险化学品管理	识别并建立危险化学品管理台账	(1)对危险化学品采购、运输、使用、储存、处置进行监督检查；(2)对员工进行危险化学品性危害特性及防护措施相关培训		识别并建立危险化学品管理台账。	(1)对危险化学品采购、运输、使用、储存、处置进行监督检查；(2)对员工进行危害特性及防护措施相关培训	

业务模块二：安全目视化管理

序号	工作任务	输油、输气站 初级	中级	高级	维抢修单位 初级	中级	高级
1	安全标识管理	(1)提出站场安全标识配置需求；(2)对站场安全标识进行日常检查与维护					
2	应急救生设施管理	(1)提出站场应急救生设施配置需求；(2)对站场应急救生设施进行日常检查与维护					

业务模块三：安全环保教育

序号	工作任务	输油、输气站 初级	中级	高级	维抢修单位 初级	中级	高级
1	安全环保主题活动	(1)及时组织员工开展安全环保主题活动；(2)及时总结上报			(1)及时组织员工开展安全环保主题活动；(2)及时总结上报		
2	安全教育	整理站队级安全教育资料并上报	对照课件，开展站队级安全教育考试	编制站队级安全教育教材、课件、题库	整理站队级安全教育资料并上报	对照课件，开展站队级安全教育考试	编制站队级安全教育教材、课件、题库
3	安全活动	(1)制订站队、班组安全活动计划，确定主题和内容概要；(2)组织开展安全活动	(1)监督安全活动开展效果；(2)开展专业技术指导		(1)制订站队、班组安全活动计划，确定主题和内容概要；(2)组织开展安全活动	(1)监督安全活动开展效果；(2)开展专业技术指导	
4	进站安全管理	监督进站人员、车辆的安全管理	监督制止进站人员的不安全行为				

续表

序号	工作任务	工作步骤、目标结果、行为标准					
		输油、输气站			维检修单位		
		初级	中级	高级	初级	中级	高级
业务模块四：职业健康管理							
1	职业健康体检及监测	（1）依据体系文件和上级通知，按时组织职业健康体检；（2）配合职业危害场所监测			（1）依据体系文件和上级通知，按时组织职业健康体检；（2）配合职业危害场所监测		
2	员工劳保津贴	依据体系文件和上级通知，按时进行员工劳保津贴统计			依据体系文件和上级通知，按时进行员工劳保津贴统计		
3	劳保用品管理	（1）建立劳保用品管理台账；（2）配发劳保用品；（3）对劳动防护用品的使用情况进行监督检查		识别劳保用品，开展统计分析	（1）建立劳保用品管理台账；（2）配发劳保用品；（3）对劳动防护用品的使用情况进行监督检查		识别劳保用品，开展统计分析
业务模块五：环境保护管理							
1	环境监测	建立环境污染物台账	组织污染源监测，监督污染物排放	掌握污染物对环境的危害，掌握污染物排放标准			
2	污染源管理和排放控制	组织或配合污染源监测，监督污染物排放达标	依据法规标准，判断污染物排放是否达标，制订达标措施，并定期监测	制订污染治理措施，提出污染物排放超标治理措施			
3	环保设施运行监督	定期对站内防火堤、污水排放系统、污油池、除尘系统、消防应急等环境保护设施运行状况开展检查					
4	固体废物管理及处置	统计固体废弃物产生量和处置情况，建立台账		依据法规标准，组织危险废弃物处置			
5	绿色基层站（队）建设	汇总资料，填写申报			汇总资料，填写申报		

序号	工作任务	输油、输气站			维抢修单位		
		初级	中级	高级	初级	中级	高级
业务模块六：交通安全管理							
1	驾驶员违章行为监督检查	(1)定期通过路查对驾驶员不系安全带等违章行为进行监督检查；(2)利用GPS监控系统对驾驶员超速、跑私车等违章行为进行监督检查	对驾驶员违章行为进行统计分析		(1)定期通过路查对驾驶员不系安全带等违章行为进行监督检查；(2)利用GPS监控系统对驾驶员超速、跑私车等违章行为进行监督检查	对驾驶员违章行为进行统计分析	
2	机动车检查及驾驶员安全教育	(1)建立站队车辆管理台账和驾驶员管理台账；(2)每周组织一次车辆安全检查，每月组织一次驾驶员安全培训；(3)定期对站内交通安全设施和通道进行检查	针对季节特点，针对性开展车辆安全检查和驾驶员安全教育		(1)建立站队车辆管理台账和驾驶员管理台账；(2)每周组织一次车辆安全检查，每月组织一次驾驶员安全培训；(3)定期对站内交通安全设施和通道进行检查	针对季节特点，针对性开展车辆安全检查和驾驶员安全教育	
3	车辆运行监督管理	(1)定期检查站队出车审批及三交一封制度执行情况；(2)不定期抽查车辆运行管理情况，发现问题隐患，提出整改要求			(1)定期检查站队出车审批及三交一封制度执行情况；(2)不定期抽查车辆运行管理情况，提出整改要求		
业务模块七：消防安全管理							
1	消防设备设施及器材管理	建立站队消防设备设施、器材台账	(1)按照规定进行消防器材配备；(2)消防器材维护保养	识别消防设备、器材存在的问题，提出改进建议	建立站队消防设备设施、器材台账	(1)按照规定进行消防器材配备；(2)消防器材维护保养	识别消防设备、器材存在的问题，提出改进建议
2	站队志愿消防队管理	(1)建立志愿消防队；(2)明确志愿消防队职责	(1)定期组织消防知识培训；(2)定期组织灭火和应急疏散演练		(1)建立志愿消防队；(2)明确志愿消防队职责	(1)定期组织消防知识培训；(2)定期组织灭火和应急疏散演练	

续表

序号	工作任务	工作步骤、目标结果、行为标准					
		输油、输气站			维抢修单位		
		初级	中级	高级	初级	中级	高级
3	站队消防设施检测	配合有资质的消防检测机构，进行消防设施、设备和器材的定期检验，做好记录					
4	可燃和有毒气体检测报警器管理	根据体系文件规定和站队实际情况，提出配置要求	开展日常维护与检查，对发现的问题进行及时处理	识别报警器的故障，及时进行处理和上报，指导开展报警器技术培训	根据体系文件规定和站队实际情况，提出配置要求	开展日常维护与检查，对发现的问题进行及时处理	识别报警器的故障，及时进行处理和上报，指导开展报警器技术培训
	业务模块八：施工安全管理						
1	施工准备	(1)对照《施工方案》《开工计划书》《开工报告》，核实作业现场是否满足开工条件，开工手续是否齐全；(2)成立作业安全分析小组，组织开展作业安全分析；(3)开展入场安全教育，办理作业入证；(4)审查相关资料，办理作业许可	(1)引导小组成员采用JSA作业安全分析法，开展作业前安全分析；(2)识别出各类危险作业，存在风险，核实风险控制措施；(3)作业过程中出现异常情况，采取中止作业，变更作业方案或应急措施	结合输油气站风险，编制完善承包方入场前安全教育教材	(1)编制《施工方案》《开工计划书》《开工报告》；(2)参加建设单位组织的作业安全分析；(3)组织完善入场安全教育，申请办理入场准入证；(4)准备作业相关资料，申请办理作业许可	(1)参加开工前会议，保证体系文件中的议题得到落实；(2)识别出各类危险作业，存在风险，制订并落实风险控制措施；(3)作业过程中出现异常情况，采取中止作业、变更作业方案或应急措施	结合维修队风险，编制完善承包方入场前安全教育教材
2	作业现场监督监护	(1)开工前对作业现场、机具、消防摆放、车辆隔离、人员进行监督检查；(2)作业过程中对作业现场进行安全监督，检查施工方案的安全措施落实情况	(1)消除作业过程中的人员的不安全行为和隐患；(2)与承包方建立沟通机制，相互告知各自安全环保信息；(3)作业结束后，检查确认现场恢复变更情况		(1)组织作业现场中的人员、机具、车辆摆放、消防器材、警戒隔离；(2)组织开工前HSE和机具自查；(3)作业过程中对作业现场进行安全监督，落实施工方案的安全措施	(1)消除作业过程中的人员的不安全行为和隐患；(2)与属地建立沟通机制，相互告知各自安全环保信息；(3)作业结束后，检查确认现场恢复情况	

续表

序号	工作任务	输油、输气站			维抢修单位		
		初级	中级	高级	初级	中级	高级
3	动火作业管理	(1)各级动火的现场监督;(2)申请办理二级、三级动火作业,提供动火资料;(3)审核办理三级动火作业	(1)识别出动火作业存在的风险控制措施,核实风险控制措施;(2)参与审核或编制动火作业方案;(3)动火作业过程中对作业现场进行安全监督,检查动火方案的落实情况;(4)发现不安全行为及时中止作业		(1)对动火作业进行现场监督;(2)申请办理动火作业,提供动火资料	(1)识别出动火作业存在的风险,落实风险控制措施;(2)参与编制动火作业方案;(3)动火作业过程中对安全进行现场监督,落实动火方案中的安全措施;(4)发现不安全行为及时中止作业	

业务模块九:安全检查

序号	工作任务	输油、输气站			维抢修单位		
		初级	中级	高级	初级	中级	高级
1	安全检查	(1)组织并参加月度生产安全检查;(2)建立问题台账;(3)跟踪问题整改情况	(1)组织编制检查表;(2)对参加检查人员进行检查技术、标准培训	对安全检查发现问题进行总结分析,提出预防措施	(1)组织并参加月度生产安全检查;(2)建立问题台账;(3)跟踪问题整改情况	(1)组织编制检查表;(2)对参加检查人员进行检查技术、标准培训	对安全检查发现问题进行总结分析,提出预防措施

业务模块十:应急管理

序号	工作任务	输油、输气站			维抢修单位		
		初级	中级	高级	初级	中级	高级
1	应急预案编制	组织编制与修订环境、职业健康、消防及交通应急预案	(1)编制本专业预案,内容适用有效;(2)参与站队其他现场处置预案编制与修订		组织编制与修订环境、职业健康、消防及交通应急预案	(1)编制本专业预案,内容适用有效;(2)参与站队其他预案编制与修订	
2	应急演练	(1)制订计划;(2)按时组织演练;(3)准确完整记录演练过程	(1)对演练过程进行分析评价;(2)识别人员、设备预案存在问题;(3)提出改进措施		(1)制订计划;(2)按时组织演练;(3)准确完整记录演练过程	(1)对演练过程进行分析评价;(2)识别队伍其他问题,存在问题;(3)提出改进措施	

序号	工作任务	输油、输气站 行为标准 初级	中级	高级	维抢修单位 初级	中级	高级
3	应急准备与响应	按照预案落实安全环保措施	现场监督预案落实情况		按照预案落实安全环保措施	现场监督预案落实情况	
业务模块十一：事故事件管理							
1	事故报告	（1）熟悉事故上报流程；（2）及时准确上报事故、事件信息			（1）熟悉事故上报流程；（2）及时准确上报事件信息		
2	事故调查	（1）保存现场证据；（2）配合上级部门开展事故调查		（1）成立调查组；（2）对事件进行调查；（3）分析事故原因；（4）组织制订、实施预防措施	（1）保存现场证据；（2）配合上级部门开展事故调查		（1）成立调查组；（2）对事件进行调查；（3）分析事故原因；（4）组织制订、实施预防措施
3	安全经验分享	收集与自身相关的事故案件案例，并整理成分享材料	组织实施事故经验分享、典型事故案例培训、交流		收集与自身相关的事故事件案例，并整理成分享材料	组织实施事故经验分享、典型事故案例培训、交流	
业务模块十二：HSE信息管理							
1	负责HSE信息系统的信息录入	及时、准确录入与本站队相关的HSE信息系统数据			及时、准确录入与本站队相关的HSE信息系统数据		

第一部分　安全专业基础知识

第一章　安全生产基本知识

第一节　安全生产基本概念

安全(safety)，顾名思义"无危则安，无缺则全"，即没有危险且尽善尽美，这与人的传统的安全观念相吻合的。随着对安全问题研究的逐步深入，人类对安全的概念有了更深的认识，并从不同的角度进行定义[1]。

其一，安全是指客观事物的危险程度能够为人们普遍接受的状态。

其二，安全是指没有引起死亡、伤害、职业病或财产、设备的损坏或损失或环境危害的条件。

其三，安全是指不因人、机、媒介的相互作用而导致系统损失、人员伤害、任务受影响或造成时间的损失。

综上可知，安全是在人类生产过程中，将系统的运行状态对人类的生命、财产、环境可能产生的损害控制在人类能接受水平以下的状态。即发生事故、造成人员伤亡或财物损失的危险没有超过允许的限度时，就认为安全。

一、安全的有关概念及与危险的辩证关系

1. 有关概念

危险：指事物处于某种不安全状态，并有可能因此导致超过人们承受程度的意外损害后果的发生。

风险：指某一特定危险事件发生的可能性和后果的组合。

风险 R 可以表述为危害事件发生的概率 F(失效可能性)与其后果严重程度 C(失效后果)的函数，即：

$$R = f(F, C)$$

危险与风险有着密切的联系，但并非同一概念。危险是可能产生潜在损害的征兆，是风险的前提，没有危险就无所谓风险。风险则是衡量危险性的指标，是对于随机发生的危害事件的可能性与后果严重程度的综合描述。危险是一种不安全状态，无法改变的客观存在。风险可通过采取有效控制措施，减小危害事件发生的可能性或减轻其后果的严重程度，从而达到降低风险的目的。

2. 安全与危险的辩证关系

安全与危险是相对概念，是互补的。安全是没有超过允许限度的危险。

安全与危险是在不断变化、不断发展的，而且是可以相互转化的。当系统呈现危险状态时，迫使人们分析事故原因，研究采取安全防范和控制事故的措施，创造更安全的条件和状态，安全就向前发展，产生新的更低的风险度，即安全指标越来越低。

系统总是在"安全—危险—安全"这个规律下螺旋式上升和发展。这种转化和发展要靠生产的发展，靠安全科技的进步，靠经济的投入，更重要的是靠人的安全意识。

二、安全生产

安全生产，是指在生产经营活动中，为避免发生人员伤害和财产损失的事故，有效消除和控制危害和有害因素而采取一系列措施，使生产过程在符合规定的条件下进行，以保证从业人员的人身安全与健康，设备和设施免受损坏，环境免遭破坏，保证生产经营活动得以顺利进行的相关活动。

"安全生产"一词中所讲的"生产"，是广义的概念，不仅包括产品的生产活动，也包括各类工程建设和商业、娱乐以及其他服务业的经营活动。

安全生产中，消除危害人身安全和健康的因素，保障员工安全、健康、舒适地工作，称为人身安全；消除损坏设备、产品等的危险因素，保证生产正常进行，称为设备安全。

安全生产和劳动保护二者从概念上看是有所不同的，但在内容上有所交叉：前者是从企业的角度出发，强调在发展生产的同时必须保证企业员工的安全、健康和企业的财产不受损失；后者是站在政府的立场上，强调为劳动者提供人身安全与身心健康的保障，属于劳动者权益的范畴。二者也可统称为"职业安全卫生"或"劳动安全卫生"。从与国际接轨和我国正在推行职业安全健康管理体系的现状来看，"职业安全健康"一词可能更具代表性。

1. 有关概念

职业安全卫生：指影响作业场所内员工、临时工、合同工、外来人员和其他人员安全与健康的条件和因素。美国、日本和英国等国家采用此说法。

劳动保护：为了保护劳动者在劳动和生产过程中的安全与健康，在改善劳动条件、预防工伤事故及职业病，实现女职工、未成年工的特殊保护等方面所采取的各种组织措施和技术措施的总称。

2. 工作方针

"安全第一，预防为主，综合治理"[2]是安全生产的基本方针，是长期实践的经验总结。其含义如下：

（1）安全第一。在生产活动中，要始终把安全特别是从业人员和其他人员的人身安全放在首要位置，实行"安全优先"的原则。当生产与安全发生矛盾时，生产要服从安全要求。安全第一，体现了以人为本的思想，是预防为主、综合治理的统帅。没有安全第一的思想，预防为主就失去了思想支撑，综合治理就失去了整治依据。

（2）预防为主。就是要把预防安全生产事故的发生放在安全生产工作的首位，是安全生产方针的核心和具体体现，是实施安全生产的根本途径，也是实现安全第一的根本途径。只有把安全生产的重点放在建立事故预防体系上，超前防范，才能有效避免和减少事故，实现安全第一。

（3）综合治理。就是要综合运用法律、经济和行政等手段，从发展规划、行业管理、安全投入、科技进步、经济政策、教育培训、安全文化以及责任追究等方面着手，建立安全生产长效机制。综合治理，秉承"安全发展"的理论，从遵循和适应安全生产的规律出发，运用法律、经济和行政等手段，多管齐下，并充分发挥社会、职工、舆论的监督作用，形成标本兼治、齐抓共管的格局。

三、相关术语

1. 安全生产责任制

安全生产责任制是按照"管业务必须管安全、管生产经营必须管安全"的原则建立的各级领导、职能部门、工程技术人员和岗位操作人员在生产过程中对安全生产层层负责的制度。安全生产责任制应根据岗位的实际工作情况，确定相应的人员，明确岗位职责和相应的安全生产职责，实行"一岗双责"。

2. 安全生产管理人员

安全生产管理人员是指生产经营单位分管安全生产的负责人、安全生产管理机构负责人及其管理人员，以及未设安全生产管理机构的生产经营单位专职或兼职安全生产管理人员等。

3. HSE 管理原则

HSE(Health 健康、Safety 安全、Environment 环境)管理原则为 9 项，是中国石油天然气集团公司(简称集团公司)结合实际，针对 HSE 管理关键环节，主要针对各级管理者提出的 HSE 管理基本行为准则，是管理者的"规定动作"[3]。

（1）任何决策必须优先考虑健康、安全、环境。

（2）安全是聘用的必要条件。

（3）企业必须对员工进行健康、安全、环境培训。

（4）各级管理者对业务范围内的健康、安全、环境工作负责。

（5）各级管理者必须亲自参加健康、安全、环境审核。

（6）员工必须参与岗位危害识别及风险控制。

（7）事故隐患必须及时整改。

（8）所有事故事件必须及时报告、分析和处理。

（9）承包商管理执行统一的健康、安全、环境标准。

4. 反违章禁令

反违章禁令为"六条禁令"，重在约束操作行为，是全体岗位员工的"规定动作"。

（1）严禁特种作业无有效操作证人员上岗操作。

（2）严禁违反操作规程操作。

（3）严禁无票证从事危险作业。

（4）严禁脱岗、睡岗和酒后上岗。

（5）严禁违反规定运输民爆物品、危险化学品和放射源。

（6）严禁违章指挥，强令他人违章作业。

员工违反上述禁令，给予行政处分；造成事故的，解除劳动合同。

5. 有感领导

各级领导通过带头履行安全职责，模范遵守安全规定，以自己的言行展现对安全的重视，让员工真正看到、听到和感受到领导在关心员工的安全，在高标准地践行安全，使员工真正感知到安全生产的重要性，感受到领导做好安全的示范性，感悟到自身做好安全的必要性，进而影响和带动全体员工自觉执行安全规章制度，形成良好的安全生产氛围。

6. 直线责任

落实各项工作的负责人，要承担工作的 HSE 管理职责，做到"谁主管谁负责、谁组织谁负责、谁执行谁负责"。

7. 属地管理

属地责任人对属地内的人、设备、环境等按安全要求进行管理。

第二节　安全生产管理人员职责

安全工程师为基层专(兼)职安全生产管理人员，是监督、检查、培训、指导等安全生产工作落实的具体执行者。依据《中国人民共和国安全生产法》第二十二条规定，安全生产管理人员履行以下 7 项职责：

（1）组织或者参与拟订本单位安全生产规章制度、操作规程和生产安全事故应急救援预案；

（2）组织或者参与本单位安全生产教育和培训，如实记录安全生产教育和培训情况；

（3）督促落实本单位重大危险源的安全管理措施；

（4）组织或者参与本单位应急救援演练；

（5）检查本单位的安全生产状况，及时排查生产安全事故隐患，提出改进安全生产管理的建议；

（6）制止和纠正违章指挥、强令冒险作业、违反操作规程的行为；

（7）督促落实本单位安全生产整改措施。

第二章　事故及其预防控制

第一节　事故与事故隐患

事故是人们在实现其目的的行动过程中，突然发生的、迫使其有目的的行动暂时或永远终止的一种意外事件。如生产事故、交通事故、医疗事故等。事故是工作(生产活动)过程中发生的意外突发性事件的总称，通常会使正常活动中断，造成人员伤亡或财产损失[4]。

生产事故：系指企业在生产过程中突然发生的、伤害人体、损坏财物、影响生产正常进行的意外事件。如设备事故、工伤事故、未遂事故等。

工伤事故：企业的职工为了生产和工作，在生产时间和生产活动区域内，由于受到生产过程中存在的危险因素的影响，或虽然不在生产和工作岗位上，但由于企业的环境、设备或劳动条件等不良，致使身体受到伤害，暂时地或长期地丧失劳动能力的事故。

一、事故特性

事故既然是一种意外事件，具有本身特有的一些属性。

1. 因果性

事故的因果性指事故是由相互联系的多种因素共同作用的结果。引起事故的原因是多方面的。在伤亡事故调查分析过程中，应弄清事故发生的因果，找出事故发生的原因，这对预防类似的事故重复发生将起到积极作用。

2. 随机性

事故的随机性是指事故发生的时间、地点、事故后果的严重程度是偶然的。这就给事故的预防带来了一定的困难。但是，事故这种随机性在一定范围内也遵循统计规律。从事故的统计资料中，可以找到事故发生的规律性。

3. 潜伏性

表面上，事故是一种突发事件，但是事故发生之前有一段潜伏期。事故发生之前，系统(人、机、环境)所处的这种状态是不稳定的，也就是说系统存在着事故隐患，具有危险性。如果这时有一触发因素出现，就会导致事故的发生。应认识事故的潜伏性，克服麻痹思想。

4. 可预防性

现代事故预防所遵循的一个原则即是事故是可以预防的。也就是说，任何事故，只要采取正确的预防措施，是可以防止的。认识到这一特性，对坚定信心，防止伤亡事故发生有促进作用。因此，必须通过事故调查，找到已发生事故的原因，采取预防事故的措施，从根本上杜绝或降低事故的发生。

二、事故隐患

事故隐患泛指生产系统中可能导致事故发生的人的不安全行为、物的不安全状态和管理上的缺陷。

安全生产事故隐患是指生产经营单位违反安全生产法律、法规、规章、标准、规程和安全生产管理制度的规定，或者因其他因素在生产经营活动中存在可能导致事故发生的物的危险状态、人的不安全行为和管理上的缺陷。

事故隐患具有以下特点：

（1）潜在性。从隐患形成到事故发生，中间有一个过程，称为事故发生的前期阶段。在这个阶段，人们可以感觉危险的存在，但还不能预知事故在何时以何种方式发生。这一阶段如果治理及时、有效，隐患就会被消除或减轻其危险性；若是不治理或治理不及时，其危险性就会增大，直到事故发生。

（2）危险性。凡是有危险性的物质、场所和作业，由于管理上的缺陷就存在事故隐患。事故隐患是危险源导致事故的条件。

（3）隐蔽性。生产活动中的危险（危害）依靠人自身的本能是不易感知的，要靠知识、经验和检测手段，有的还要借助专家系统才能发现。现在有许多人，身在危险环境之中，从事危险性作业而不知其危险，犹如"盲人骑瞎马，夜半临池边"。

（4）动态性。事故隐患及危害性不是静止的，而是变化的。

三、事故隐患与事故的关系

事故隐患与事故二者具有因果关系，没有事故隐患就不会发生事故。比如，TNT是一种爆炸力很强的危险物质，如果存在物的不安全状态，如撞击、摩擦或加热等行为，事故就会发生。如果把这些转化条件控制住，事故也不会发生。

第二节　事故致因

一、海因里希因果连锁理论

美国安全工程师海因里希（Heinrich）是最早提出事故因果连锁理论的[5]。该理论认为，伤亡事故的发生一系列事件顺序发生连锁的结果。它引用了多米诺效应的基本含义，认为事故的发生就好像是一连串垂直放置的骨牌，前一个倒下，引起后面的一个个倒下，当最后一个倒下，就意味着伤害结果发生。其模型如图1-2-1所示。

最初，海因里希认为，事故是沿着如下顺序发生、发展的：人体本身（M）→按人的意志进行动作（P）→潜在的危险（H）→发生事故（D）→伤害（A）。这个顺序表明，事故发生的最初原因是人的本身素质，即生理、心理上的缺陷，或知识、意识、技能方面的问题等，按这种人的意志进行动作，即出现设计、制造、操作、维护错误；潜在危险，则是由个人的动作引起的设备不安全状态和人的不安全行为；发生事故，则是在一定条件下这种潜在危险引起事故发生；伤害，则是事故发生的后果。

后来，有关专家对此进行了修改，变为：社会环境和管理欠缺、人为过失→不安全行为和不安全状态→意外事件→伤亡。也就是说，事故发生的基础原因是社会环境和管理的欠缺，是这种原因造就了人。这里强调了社会和管理的作用。

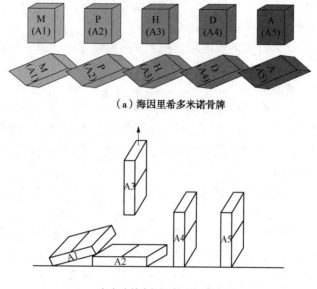

（a）海因里希多米诺骨牌

（b）去掉中间因素，使连锁中断

图 1-2-1　海因里希模型

根据骨牌理论提出的防止事故措施是：从骨牌顺序中移走某一个中间骨牌，则连锁被破坏，事故过程即被中止，达到控制事故的目的。例如，尽一切可能消除人的不安全行为和物的不安全状态，则伤害就不会发生。当前，我国正在兴起的安全文化，其目的在于消除事故发生的背景原因，也就是要造就一个人人重视安全的社会环境和企业环境，使人具有更为良好的安全意识。加强培训，使人具有较好的安全技能，或者加强应急抢救措施，也都能在不同程度上移去事故连锁中的某一骨牌以增加该骨牌的稳定性，使事故得到预防和控制。

二、事故金字塔模型

1941 年，美国著名安全工程师海因里希通过分析 55 万起工伤事故的发生概率，提出了"海因里希事故法则"，即"300∶29∶1 法则"。该法则认为，在 1 个死亡重伤害事故背后，有 29 起轻伤害事故，29 起轻伤害事故背后，有 300 起无伤害虚惊事件以及大量的不安全行为和不安全状态存在，之间的关系可以形象地用如图 1-2-2 所示的"安全金字塔"来示例。

由"安全金字塔"可以看出，若不对不安全行为和不安全状态进行有效控制，可能形成 300 起无伤害的虚惊事件，而这 300 起无伤害虚惊事件的控制失效，则可能出现 29 起轻伤害事故，直至最终导致死亡重伤害事故的出现。

事故金字塔理论为安全管理工作重心下移提供了理论依据。揭示了一个十分重要事故预防原理：要预防死亡重伤害事故，必须预防轻伤害事故；预防轻伤害事故，必须预防无伤害虚惊事件；预防无伤害虚惊事件，必须消除日常不安全行为和不安全状态；而能否消除日常不安全行为和不安全状态，则取决于日常管理是否到位，也就是我们常说的细节管理，这是作为预防死亡重伤害事故的最重要的基础工作。现实中我们就是要从细节管理入手，抓好日常安全管理工作，减少"安全金字塔"最底层的不安全行为和不安全状态，从而实现企业当初设定的总体方针，预防重大事故的出现，实现全员安全。

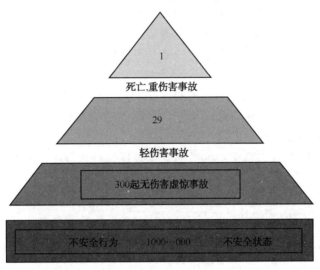

图 1-2-2   安全金字塔

第三节   事故的预防与控制

一、事故的主要原因

事故发生的原因分为两个方面：一方面是直接原因，指在时间上最接近事故发生的原因。通常分为人的原因(由于人的不安全行为引起的原因)和物的原因(由于设备和环境不良引起的原因)。另一方面是间接原因，指引起直接原因的原因，通常指管理原因。

事故发生的原因不尽相同，通过大量事故剖析，每一种事故发生都取决于一些基本因素——4M 要素，即人(Man)；物(Machine)；环境(Medium)；管理(Management)(图 1-3-1)。

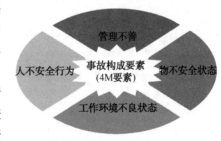

图 1-3-1   4M 要素

(1)人的不安全行为。主要表现在"三违"：违反劳动纪律、违章指挥、违章操作。主要包括：未经许可进行操作，忽视安全、忽视警告；危险作业；人为地使安全装置失效；使用不安全工具设施；不安全装载、堆放、组合物品；采取不安全的作业姿势；注意力分散、嬉闹、恐吓等。

(2)物的不安全状态，是构成事故的物质基础。没有物的不安全状态，就不可能发生事故。物的不安全状态构成生产中的隐患，当满足一定条件时就会转化为事故。物的原因包括：设备和装置结构不良，材料强度不够，零部件磨损或老化；存在危险有害物；工作场所的面积狭小或有其他缺陷；安全防护装置失灵；缺乏劳动防护用品或有缺陷；物质的堆放、整理有缺陷；安全距离不符合要求，平面布置不合理，工艺过程不合理，作业方法不安全等设计上的不足。

(3)环境的原因。不安全的环境是引起事故的物质基础。它是导致事故的直接原因，通常指的是：自然环境的异常、生产环境不良等。

（4）管理的原因。即管理的缺陷。包括：技术缺陷；劳动组织不合理；现场检查指导不足或检查指导错误；无安全操作规程或安全操作规程不健全；安全隐患整改不力；教育培训不够；人员选择和使用不当等。管理上的缺陷是事故的间接原因，是事故直接原因得以存在的条件。

防止发生事故的基本原理就是消除人的不安全行为和物的不安全状态。

（1）消除人的不安全行为可采取的措施包括职业适应性检查、人员的合理选拔和调配、安全知识教育、安全态度教育、安全技能培训等。

（2）消除物的不安全状态可采取的措施主要是提高技术装备的安全化水平，大力推行本质安全技术。

（3）改善作业环境，使人物环境相匹配，可采取的措施有进行系统安全分析、危险性评价、事故预测，进行人机工程分析，采用安全装置，采用警告装置，预防性试验等。

（4）加强安全管理可采取的措施有：对安全管理的状况进行全面系统的调查分析，找出管理上存在的薄弱环节，在此基础上确定从管理上预防事故的措施。

二、事故预防与控制的基本原则

1. 3E 对策

事故预防是指通过采用技术和管理手段使事故不发生，事故控制是通过采取技术和管理手段使事故发生后不造成严重后果或使后果尽可能减小。事故的预防与控制应从安全技术、安全教育和安全管理三方面入手采取相应措施，也就是常说的安全管理"3E 对策"（图 1-3-2）[6]。

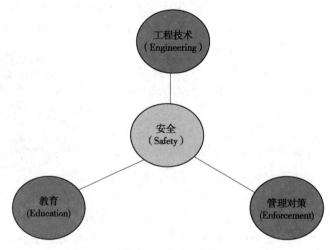

图 1-3-2　3E 对策

Engineering——工程技术：运用工程技术手段消除不安全因素，实现生产工艺、机械设备等生产条件的安全。

Education——教育：利用各种形式的教育和训练，使职工树立"安全第一"的思想，掌握安全生产所必须的知识和技术。

Enforcement——管理对策：借助于规章制度、法规等必要的行政乃至法律的手段约束人们的行为。

安全技术对策着重解决物的不安全状态问题；安全教育对策和管理对策则主要着眼于人的不安全行为问题，安全教育对策主要使人知道应该怎样做，而安全管理对策则是要求人必须怎样做。

2. 工程技术对策

工程技术对策是安全措施的首选措施，通过工程项目和技术改进，可实现本质安全化。采用具体的技术措施时依据的技术原则主要有以下几个方面：

（1）消除原则。采取有效措施消除一切危险、有害因素，实现本质安全。如以无毒材料代替有毒材料，以不可燃材料代替可燃材料。

（2）预防原则。对无法完全消除的危险、有害因素，在生产前要采取预防措施。

（3）减弱原则。对无法消除和预防的应采取措施减弱其危害。

（4）隔离原则。对无法消除，也得不到良好预防的情况，应采取隔离措施，把人员与有害因素隔离开。

（5）连锁原则。通过设置机器连锁或电气互锁，当出现危险时机器设备可立即停止运行。

（6）薄弱原则。在系统中设置薄弱环节，当出现危险时，薄弱环节首先被破坏，从而保证系统整体安全。

（7）工时原则。在有毒有害环境中作业，应减少工作时间，以减少工人暴露于有毒有害环境下的时间，从而减少对工人的伤害。

（8）加强原则。通过加大系统整体强度以保证安全，如加大安全系数的取值或采取冗余设计等。

（9）代替原则。以机械化、自动化代替手工劳动，避免危险有害因素对人体的危害。

（10）个体防护原则。通过使用个体防护用品，减轻事故造成的后果。

3. 安全管理对策

安全管理对策主要是通过对安全工作的计划、组织、控制和实施实现安全目标，它是实现安全生产重要的、日常的、基本的措施，主要有以下几个方面：

（1）建立安全生产组织机构和职业安全 健康管理体系；

（2）建设项目（工程）HSE"三同时"管理；

（3）制订安全生产责任制度；

（4）制订安全生产措施计划；

（5）制订安全生产检查制度；

（6）开展安全生产宣传教育；

（7）进行事故调查与处理。

4. 安全教育对策

安全教育对策是提供各种层次的、各种形式和内容的教育和训练，使职工牢固树立"安全第一"的思想，掌握安全生产所必须的知识和技能，主要有安全意识教育、安全知识教育（包括管理和技术）、安全技能教育三个方面内容。

对教育对象上可分为各级管理人员的安全教育和生产岗位职工教育。其中生产岗位职工教育包括以下内容：

    （1）三级安全教育；

    （2）特种作业教育；

    （3）经常性安全教育；

    （4）"五新"教育；

    （5）复工调岗教育。

    企业中安全教育形式有以下几种方式：

    （1）广告；

    （2）演讲；

    （3）会议讨论；

    （4）竞赛；

    （5）声像；

    （6）正规教学。

第二部分 安全技术管理及相关知识

第三章 风险隐患管理

第一节 危害因素管理

一、相关术语

1. 危害因素

可能导致人身伤害和（或）健康损害、财产损失、工作环境破坏、有害环境影响的根源、状态、行为或其组合。

2. 危害因素辨识

识别健康、安全与环境危害因素的存在并确定其特性的过程。

3. 风险

某一特定危害事件发生的可能性，与随之引发的人身伤害或健康损害、环境破坏的严重性的组合。

4. 风险评价

评估风险程度，考虑现有控制措施的充分性，以及确定风险是否为可接受风险的全过程。

二、危害因素识别的范围及方法

1. 危害因素识别范围

危害因素识别范围包括以下几个方面：

（1）新建、改建、扩建项目全过程；

（2）新工艺、新设备、新材料的投用；

（3）所有工作场所及场所内设施；

（4）输油气生产过程中涉及的物质及其状态；

（5）输油气生产各操作岗位、各管理岗位、施工现场人员的活动；

（6）体系覆盖范围内职工的生活场所；

（7）应急准备以及相应的物资、设施。

2. 危害因素识别的主要方法

危害因素识别主要方法有：

（1）安全检查表；

（2）作业安全分析 JSA；

（3）区域风险评价或调查；

（4）变更分析；

（5）事故事件学习；

（6）行为安全观察；

（7）工作循环检查；

（8）第三方评价或检测。

三、危害因素排查

为了便于准确地辨识危害因素，参照《企业职工伤亡事故分类标准》（GB 6441—1986）[7]，综合考虑起因物、引起事故的诱导性原因、致害物、伤害方式等，根据管道行业本身特点，体系文件《安全风险评价与控制管理程序》（GDGS/CX 82. 02—2010）制订一个统一的安全危害因素排查表，将安全危害因素分为火灾爆炸、接触有害物、压力危害、爆管、凝管等 18 类。

体系文件《环境因素识别、评价与控制管理程序》（GDGS/CX 82. 03—2010）将环境影响因素分为原料消耗、能源消耗、大气排放、水体排放、危险废物、噪声、辐射等 14 类。

体系文件《职业健康风险评价与控制管理程序》（GDGS/CX 83.01—2010）将职业健康危害因素分 5 类：物理性危害、化学性危害、生物性危害、人机工程类危害和心理、生理性危害因素。为满足国际安全评级系统（ISRS7）标准要求识别出以下其他危害因素：食品卫生、手动操作、带显示屏的设备、空气质量、毒品、酒精、抽烟、流行病与地方病。

四、危害因素风险评价方法

对识别出的危害因素可采取矩阵法进行评价。矩阵法使用方法如下：

（1）在矩阵列表中，选择潜在危害事件的后果；如果同时造成人员伤害、财产损失、环境影响、名誉损害，则选择最严重的。

（2）在矩阵行表中，选择潜在危害事件的可能性。

（3）根据危害事件的后果和可能性，在行列交叉点上确定风险等级。

安全危害因素评价矩阵见表 3-1-1。

表 3-1-1　安全危害因素评价矩阵

序号	后果				可能性				
	人员	财产	环境	声誉	1 行业内未发生	2 行业内曾发生	3 国内曾发生	4 公司内曾发生	5 站内曾发生
1	轻伤	经济损失 10 万元以下	轻微影响	轻微影响	低	低	低	低	中
2	重伤	经济损失 10 万 ~ 100 万元	较小影响	较小影响	低	低	中	中	较高

序号	后果				可能性				
	人员	财产	环境	声誉	1 行业内未发生	2 行业内曾发生	3 国内曾发生	4 公司内曾发生	5 站内曾发生
3	1~2人死亡	直接经济损失100万~1000万元	局部影响	严重影响	低	中	中	较高	较高
4	3~9人死亡	直接经济损失1000万~5000万元	重大影响	国家性影响	低	中	较高	较高	高
5	10人以上死亡	直接经济损失5000万元以上	特大影响	国际性影响	中	较高	较高	高	高

职业健康危害因素评价矩阵见表3-1-2。

表3-1-2　职业健康危害因素评价矩阵

序号	后果				可能性				
	人员	财产	职业接触限值	声誉	1 行业内未发生	2 行业内曾发生	3 国内曾发生	4 公司内曾发生	5 站内曾发生
5	死亡人数超过3人	直接经济损失500万元以上	>10 OEL	国际性影响	低	中	高	高	高
4	1~3人死亡或残疾	直接经济损失100万~500万元	>1 OEL	国家性影响	低	中	中	高	高
5	严重伤害或健康影响	直接经济损失10万~100万元	0.5~1 OEL	严重影响	低	低	中	中	高
2	轻微伤害或健康影响	经济损失1万~10万元	0.1~0.5 OEL	较小影响	低	低	低	中	中
1	无健康影响	经济损失1万以下	<0.1 OEL	轻微影响	低	低	低	低	低

环境影响因素评价矩阵见表3-1-3。

表3-1-3　环境影响因素评价矩阵

序号	后果			可能性					
	财产	环境	声誉	1 行业内未发生	2 行业内曾发生	3 国内曾发生	4 公司内曾发生	5 站内曾发生	6 违反法规标准
1	经济损失10万元以下	轻微影响	轻微影响	一般	一般	一般	一般	一般	重要

序号	后果			可能性					
				1	2	3	4	5	6
	财产	环境	声誉	行业内未发生	行业内曾发生	国内曾发生	公司内曾发生	站内曾发生	违反法规标准
2	经济损失 10万~100万元	较小影响	较小影响	一般	一般	一般	一般	一般	重要
3	直接经济损失 100万~1000万元	局部影响	严重影响	一般	一般	一般	一般	重要	重要
4	直接经济损失 1000万~5000万元	重大影响	国家性影响	一般	一般	一般	重要	重要	重要
5	直接经济损失 5000万元以上	特大影响	国际性影响	一般	一般	重要	重要	重要	重要

五、重要环境因素直接判断评价标准

1. 废水

废水判断评价标准如下：

（1）油品输送、储存过程中产生的含油污水及其他工业污水超标排放或虽经简单处理仍不达标，直接评定为重要环境因素。

（2）环保设施发生异常情况时的废水排放，定为重要环境因素。

2. 废气

加热炉吹灰直接排放的，定为重要环境因素。

3. 噪声

输油气生产、建设中产生的引起相关方抱怨的噪声，定为重要环境因素。

4. 固体废弃物

固体废弃物判断评价标准：

（1）油品输送发生的油品外泄，可评为重要环境因素。

（2）有毒有害废弃物(列入《国家危险废弃物名录》[8])的，处理不符合有关要求或未找到好的处理办法的(如清罐产生的油泥)，可评为重要环境因素。

（3）有毒有害易燃易爆等物品(包括化学品)在采购、运输、储存、使用、废弃过程中可能有重大环境影响的。

（4）新购设备的运行、材料的使用等可能对环境产生很大影响。

5. 其他重要环境因素

（1）资源能源有下列情况之一的可评为重要环境因素：

① 有较大节降潜能；

② 没有管理控制的；

③ 行业对比浪费较大。

（2）可能发生重大环境破坏的事故隐患。

（3）相关方合理抱怨以及地方政府要求严格的。

（4）目前经济技术可行，通过方案措施能够解决的。

六、危害因素风险控制措施制定的原则及方式

1. 风险控制措施制定的原则

遵循"消除、替代、工程控制措施、警告标识规程制度等管理措施、个体防护"的优先顺序，实行分级控制，法律法规的强制性要求必须予以控制；对中、高度风险要重点制定风险控制措施；对低风险应保持现有控制措施的有效性，并予以监控。

2. 风险控制的方式

针对评价出的中、高度风险应按以下优先次序进行控制：

（1）投资控制；

（2）运行控制：编制管理程序、作业文件并按其执行；

（3）应急准备和响应控制：编制应急预案并演练，或实施应急措施。

3. 站队风险控制措施

站队针对已确定的危害因素逐项落实风险控制措施。风险控制措施必须明确具体内容、完成期限及相关责任人。

七、危害因素及其风险变更要求

危害因素变更情况包括：新增危害因素识别、评价和原有危害因素的消除以及风险级别调整。

为保持危害因素识别、风险评价的有效性，站队每年12月对危害因素进行重新评审，如有变化予以更新。

（1）出现下列情况时，应及时进行安全和职业健康危害因素识别、风险评价工作，并保留相关记录：

① 发生重大工艺改变时；

② 进行新、改、扩建及更新改造大修理项目时；

③ 有重要设备、设施引进时；

④ 重点法律法规标准发生变化时；

⑤ 产品、服务范围发生较大变化时；

⑥ 事故事件分析学习发现新的危害因素。

（2）当发生以下情况时，应及时进行环境因素的识别，并组织专家、技术人员或第三方评价机构进行评价：

① 法律、法规与标准提出新的要求；

② 因采用新技术、新工艺、新设备、新材料，工程投用而使环境因素发生了变化；

③ 油品(气)输送方式、废水、废气、废弃物处理等使环境因素发生变更；

④ 相关方有合理的抱怨；

⑤ 环境因素识别有遗漏；

⑥ 当周边环境发生重大改变时。

第二节　事故隐患管理

一、隐患排查主要途径

（1）危害因素识别与评价：站队开展的危害因素辨识与风险评价、JSA 作业安全分析，识别出的危害因素经过分析确认，属于事故隐患。

（2）各级 HSE 检查：各级 HSE 检查中发现的事故隐患。

（3）岗位员工发现隐患：岗位员工巡回检查时发现的事故隐患。

（4）事故分析：发生事故和未遂事故以后，通过事故调查分析发现目前存在的主要缺陷和问题。

（5）专项风险评价与隐患排查：根据实际需要组织专项风险评价和隐患排查发现的事故隐患。

二、隐患评估

在隐患排查过程中发现的各类 HSE 隐患，应立即整改。不能立即整改的，站队应组织（或配合分公司业务主管部门）进行现场调查，对隐患当前状态、可能变化的情况、可能造成的后果及影响等进行评估，形成《事故隐患评估表》，确定隐患级别，报分公司安委会审核。评估表主要内容应包括：

（1）事故隐患的类别、等级。

（2）事故隐患的可能性（频率）、严重程度（后果）。

（3）事故隐患整改的目标和效果。

（4）事故隐患整改方案及所需的资金估算。

（5）事故隐患是否已经违反有关法规要求。

三、隐患治理与监控

（1）根据事故隐患评估结果，一般事故隐患如无须资金投入或需要很少资金投入的由站队立刻落实整改措施。

（2）预计投资额在 20 万元以下的一般事故隐患整改项目，其整改方案上报分公司业务主管部门。

（3）对威胁人员生命安全和生产安全、随时可能发生事故的重大事故隐患，站队立即组织整改。

（4）对事故隐患监控措施的有效性进行监督检查，一旦发现隐患监控措施未能达到预期效果，事故隐患有扩大化或演变成事故的可能，应立即上报分公司业务主管部分。检查主要内容包括：

① 事故隐患监控措施的制定和落实情况。

② 事故隐患整改方案的落实情况。

③ 事故隐患整改项目的形象进度。

④ 事故隐患项目资金的使用情况。

⑤ 应急处置预案或应急措施的培训和演练情况等。

第三节　重大危险源管理

一、相关术语

1. 危险源

可能造成人员伤害、疾病、财产损失、作业环境破坏或其他损失的根源或状态。

2. 重大危险源

生产、加工、搬运与使用或存储危险物质，其数量大于或等于国家规定的危险物质的单元或设施。

二、危险化学品重大危险源辨识

按照 GB 18218—2009《危险化学品重大危险源辨识》[9]规定，危险化学品重大危险源的判定依据是危险化学品的临界量。单元内存在的危险化学品的数量根据危险化学品种类的多少区分为以下两种情况：

（1）单元内存在的危险化学品为单一品种，则该危险化学品的数量即为单元内危险化学品的总量，若等于或超过相应的临界量，则定为重大危险源。

（2）单元内存在的危险化学品为多品种时，则按下式计算，若满足下式，则定为重大危险源[9]：

$$q_1/Q_1 + q_2/Q_2 + \cdots + q_n/Q_n \geq 1$$

式中　q_1，q_2，…，q_n——每种危险化学品实际存在量，t；

Q_1，Q_2，…，Q_n——各危险化学品相对应的临界量，t。

注：单元是指一个(套)生产装置、设施或场所，或同属一个生产经营单位的且边缘距离小于 500m 的几个(套)生产装置、设施或场所。

三、锅炉、压力容器、压力管道类特种设备重大危险源辨识

锅炉、压力容器、压力管道类特种设备重大危险源主要依据(Q/SY 1131—2013)《重大危险源分级规范》[10]进行辨识。

（1）符合下列条件之一的锅炉，判定为重大危险源：

① 蒸汽锅炉额定蒸汽压力大于 2.5 MPa，且额定蒸发量≥10t/h。

② 热水锅炉额定出水温度≥120℃，且额定功率≥14MW。

（2）属下列条件之一的压力容器，判定为重大危险源：

① 介质毒性程度为极度、高度或中度危害的三类压力容器；

② 易燃介质，最高工作压力≥0.1 MPa，且 $pV \geq 100$ MPa·m^3 的压力容器(群)。

（3）符合下列条件之一的压力管道，判定为重大危险源：

① 长输管道。输送有毒、可燃、易爆气体，且设计压力>1.6 MPa 的管道；输送有毒、可燃、易爆液体介质，输送距离≥200km 且管道公称直径≥300 mm 的管道。

② 公用管道。中压和高压燃气管道，且公称直径≥200mm。

③ 工业管道。输送 GB 5044 中毒性程度为极度、高度危害气体、液化气体介质，且公称直径≥100mm 的管道；输送 GB 5044 中极度、高度危害液体介质，GB 50160 及 GB 50016 中规定火灾危险性为甲类和乙类可燃气体或甲类可燃液体介质，且公称直径≥100mm，设计压力≥4MPa 的管道；输送其他可燃、有毒流体介质，且公称直径≥100mm，设计压力≥4MPa，设计温度≥400℃的管道。

四、危险化学品重大危险源安全管理

（1）建立完善重大危险源安全管理规章制度和安全操作规程，并采取有效措施保证其得到执行。

（2）根据构成重大危险源的危险化学品种类、数量、生产、储存或者相关设备、设施等实际情况，建立健全安全监测监控体系，完善控制措施：

① 重大危险源配备温度、压力、液位和流量等信息的不间断采集和监测系统以及可燃气体和有毒有害气体泄漏检测报警装置，并具备信息远传、连续记录、事故预警、信息存储等功能，记录的电子数据的保存时间不少于 30 天。

② 重大危险源的生产装置装备应满足安全生产要求的自动化控制系统；一级或者二级重大危险源，具备紧急停车系统。

③ 对重大危险源中的毒性气体、剧毒液体和易燃气体等重点设施，设置紧急切断装置；毒性气体的设施，设置泄漏物紧急处置装置；涉及毒性气体、液化气体、剧毒液体的一级或者二级重大危险源，配备独立的安全仪表系统（SIS）。

④ 重大危险源中储存剧毒物质的场所或者设施，设置视频监控系统。

⑤ 安全监测监控系统应符合国家标准或者行业标准的。

（3）定期对重大危险源的安全设施和安全监测监控系统进行检测、检验，并进行经常性维护、保养，保证重大危险源的安全设施和安全监测监控系统有效、可靠运行。维护、保养、检测应当作好记录，并由有关人员签字。

（4）明确重大危险源中关键装置、重点部位的责任人或者责任机构，并对重大危险源的安全生产状况进行定期检查，及时采取措施消除事故隐患。事故隐患难以立即排除的，应当及时制定治理方案，落实整改措施、责任、资金、时限和预案。

（5）对重大危险源的管理和操作岗位人员进行安全操作技能培训，使其了解重大危险源的危险特性，熟悉重大危险源安全管理规章制度和安全操作规程，掌握本岗位的安全操作技能和应急措施。

（6）在重大危险源所在场所设置明显的安全警示标志，写明紧急情况下的应急处置办法。并将重大危险源可能发生的事故后果和应急措施等信息，以适当方式告知可能受影响的单位、区域及人员。

（7）制定重大危险源事故应急预案，建立应急救援组织或者配备应急救援人员，配备必要的防护装备及应急救援器材、设备、物资，并保障其完好和方便使用。

（8）对存在吸入性有毒、有害气体的重大危险源，应当配备便携式浓度检测设备、空气呼吸器、化学防护服、堵漏器材等应急器材和设备；涉及剧毒气体的重大危险源，还应当配备两套以上(含本数)气密型化学防护服；涉及易燃易爆气体或者易燃液体蒸气的重大危险源，还应当配备一定数量的便携式可燃气体检测设备。

（9）制订重大危险源事故应急预案演练计划。对重大危险源专项应急预案，每年至少进行一次；对重大危险源现场处置方案，每半年至少进行一次。应急预案演练结束后，应当对应急预案演练效果进行评估，撰写应急预案演练评估报告，分析存在的问题，对应急预案提出修订意见，并及时修订完善。

（10）对辨识确认的重大危险源及时、逐项进行登记建档。重大危险源档案应当包括下列文件、资料：

① 辨识、分级记录；

② 重大危险源基本特征表；

③ 涉及的所有化学品安全技术说明书；

④ 区域位置图、平面布置图、工艺流程图和主要设备一览表；

⑤ 重大危险源安全管理规章制度及安全操作规程；

⑥ 安全监测监控系统、措施说明、检测、检验结果；

⑦ 重大危险源事故应急预案、评审意见、演练计划和评估报告；

⑧ 重大危险源关键装置、重点部位的责任人、责任机构名称；

⑨ 安全评估报告或者安全评价报告。

（11）站队应组织（或配合分公司业务主管部门）将重大危险源报地方政府安全生产监督管理部门备案。

第四节　危险化学品管理

一、危险化学品采购

（1）危险化学品以国家发布的最新《危险化学品名录（2015 版）》[11]为准。

（2）购置的危险化学品，供货厂家必须提供与危险化学品完全一致的安全技术说明书（MSDS），并在外包装上粘贴或拴挂安全标签。严禁购进没有安全技术说明书和安全标签的危险化学品。

（3）购买剧毒化学品，应当遵守下列规定：① 在生产、科研过程中使用的剧毒化学品，由物资采购部门提出申请，经安全部门同意后，向当地公安机关领取购买凭证，凭购买凭证购买；② 在生产、科研过程中临时需要购买的剧毒化学品，由单位出具证明，向当地公安机关申请领取准购证，凭准购证购买。

二、危险化学品运输[12]

（1）危险化学品运输方应提供危险化学品运输资质，并与运输单位签订运输协议。

（2）公路运输危险化学品，在运输前应编制应急预案。公路运输剧毒化学品前，还应制订详细路线图和运行时间表，做到每次运输"一车一图一表"。

（3）运输危险化学品的车辆应按照 GB 13392《道路运输危险货物车辆标志》的规定安装或喷涂危险化学品警示标志，配备通信工具、人员防护用品和应急设备。运输易燃、易爆物品的机动车，排气管应装阻火器。运输散装固体危险品的机动车，应根据危险品性质，采取防火、防爆、防水、防粉尘飞扬等措施。在温度较高地区装运液化气体和易燃液体等危险化学品，应有防晒降温措施。

（4）公路运输危险化学品，应配备押运人员，使危险化学品随时处于押运人员的监管之下，不得多装、超载；途中需要停车住宿或遇无法正常运输情况时，应当向当地公安部门报告。

（5）剧毒化学品在运输途中发生盗窃、丢失、流散、泄漏等情况时，承运人及押运人员应立即向当地公安部门报告，并采取一切可能的警示措施。

（6）装卸作业应由专人在现场负责指挥，装卸运输作业人员应按所装运危险化学品的性质，佩带相应的防护用品，装卸时应轻装、轻卸，严禁摔拖、重压和摩擦，不得损毁包装容器，并注意标志，堆放稳妥。

（7）装卸前，应对搬运工具进行必要的通风和清扫，不得留有残渣，对装有剧毒物品的装卸工具在装卸后应清理干净。

（8）危险化学品不准超量充装，装卸流速不得超过上限值。

（9）禁止用电瓶车、翻斗车、铲车等运输爆炸物品；禁止用叉车、铲车、翻斗车搬运易燃、易爆液化气体等危险化学品。

三、危险化学品储存

（1）危险化学品的库房、储罐区的建筑设计应符合 GB 50016《建筑设计防火规范》、GB 15603《常用化学危险品贮存通则》等相关标准。

（2）仓库应符合安全和消防要求，通道、出入口和通向消防设施的道路应保持畅通并设置明显标志，建立健全岗位责任制、岗位巡检、门卫值班等规章制度。

（3）危险化学品库房不得设办公室、休息室。危险化学品储存不得与员工宿舍在同一座建筑物内，与员工宿舍应当保持安全距离。

（4）危险化学品储存场所的安全设备和消防设施，应定期聘请具有资质的单位进行检测、检验，过期、报废以及不合格的禁止使用。

（5）站队应建立危险化学品清单。严格执行危险化学品出入库制度，设专人负责，定期对库存危险化学品进行检查，严格核对进出库的种类、规格、数量做好记录。

（6）站队应为危险化学品保管人员配备符合要求的防护用品、器具。

（7）危险化学品应按其化学性质分类、分区存放，并有明显的标志，之间应留足够的安全距离和安全通道。相互接触能引起燃烧、爆炸或灭火方法等不同的危险化学品，不得同库储存，应设专用仓库、场地或专用储存室，存储易爆品的库房应有足够的泄压面积和良好的通风设施。

（8）危险化学品的储存应严格执行危险化学品的装配规定，对不可配装的危险化学品应严格隔离。① 剧毒物品不能与其他危险化学品存于同一仓库；② 氧化剂或具有氧化性的酸类物质不能与易燃物品存于同一仓库；③ 盛装性质相抵触气体的气瓶不可存于同一仓库；④ 危险化学品与普通物品同存一仓库时，应保持一定距离；⑤ 遇水燃烧、易燃、可自燃及液化气体等危险化学品不可在低洼、潮湿仓库或露天场地堆放。

（9）剧毒化学品储存应设置危险等级和注意事项的标志牌，专库(柜)保管，实行双人、双锁、双账、双领用管理，并报当地公安部门和负责危险化学品安全监督管理机构备案。

四、危险化学品使用

（1）严格控制作业现场各种化学品数量，原则上随用随领，不能一次用完的化学品作业现场只许存放一个最小包装（单位）。

（2）使用部门和使用人员必须严格遵守安全操作规程，掌握正确使用方法和事故应急措施。在使用危险化学品时，要穿戴必要的防护用具用品，保证安全使用。化学品使用完毕后，应及时盖封，放回原处，不得随意乱放。

（3）盛放化学品的容器在使用前后进行检查，消除隐患，防止泄漏、爆炸、火灾、中毒、污染等事故发生。

五、危险化学品处置

（1）应严格按照国家有关规定处置危险化学品废渣、废料和报废的包装材料。不准将废弃的危险化学品倾倒入下水井、地面和江河中。

（2）对失效过期、已经分解、理化性质改变的危险化学品和闲置不用的危险化学品，废弃时应委托具备国家规定资质的单位处置，双方要签订协议，明确各自的责任、志愿和时限，不能将危险化学品私自转移、变卖、倾倒。

（3）化学实验过程中出现的少量废弃溶液物，放入废液容器中，经过中和、稀释等恰当的处理后再倒入下水槽内或经集中收集处理，以减少污染。

（4）剧毒物品的包装箱、纸袋、瓶、桶等包装废弃物，应由专人负责管理，统一销毁。金属包装容器不经彻底清理干净，不得改作它用。包装容器的销毁，应在安全、环保、公安等有关部门监护下进行。

（5）凡拆除的容器、设备和管道内有危险化学品的，应先清理干净，并验收合格后方可报废。

六、危险化学品安全培训与事故抢救原则

1. 危险化学品安全培训

（1）涉及危险化学品的采购、运输、储存、使用的站队应对员工进行有关化学品性质危害和应急要求的安全培训；保管和使用人员还应接受相关劳保用品如何正确使用以及保存的培训。

（2）站队应制订危险化学品相关应急预案，配备应急处置救援人员和必要的应急救援器材、设备，并定期组织演练。

（3）发生危险化学品泄漏、火灾、爆炸等事故时，应立即启动应急预案。

2. 事故抢救原则

（1）统一指挥，防止中毒、窒息和烧伤，先救人，后救灾。

（2）火灾扑救时，要根据危险物品种类、性质及现场情况，正确选用灭火剂。

（3）由液体、气体类危险化学品引起的火灾，要尽快切断物料来源，然后集中力量一次灭火成功。

（4）要正确选用防护器具和用品，及时切断物料来源，清除现场残留物。

第四章　安全目视化管理

第一节　站场安全标识管理

一、安全色含义[13]

（1）红色：代表禁止、停止、危险或提示消防设备设施的信息。

（2）蓝色：代表必须遵守规定的指令性信息。

（3）黄色：代表注意、警告的信息。

（4）绿色：代表安全的提示性信息。

二、站场生产重点要害部位安全标识

（1）储油罐区设置"消除静电""当心爆炸""当心泄漏""当心跌落""使用防爆工具"。

（2）输油泵房设置"禁止违章启动""当心机械伤人""当心自动启动""佩戴护耳器"。

（3）加热炉区设置"当心爆炸""当心自动启动""当心烫伤"。

（4）压缩机房设置"当心机械伤人""注意通风""佩戴护耳器""使用防爆工具"。

（5）阀组及工艺区设置"检修时上锁""禁止乱动阀门""当心泄漏"。

（6）收发清管器盲板侧设置"消除静电""使用防爆工具""当心爆炸""当心中毒"。

（7）污油罐处设置"消除静电""使用防爆工具""当心爆炸""当心中毒"。

（8）变电所设置"禁止违章启动""禁止触摸""当心触电""检修时上锁"。站场主变压器区安装"禁止靠近"。

（9）站队门口设置"进站须知""反违章禁令""站区平面布置图"和"安全警示牌"安全标识。"安全警示牌"上的安全标识应包括"禁止烟火""禁止使用手机等非防爆电子产品""禁止穿带钉子鞋""注意安全""当心火灾""必须穿工作服""必须戴安全帽""车辆必须带防火帽"等。

（10）其他生产场所可根据风险识别结果，设置相应的安全警示标识。

三、重大危险源安全警示牌

按照《危险化学品重大危险源监督管理暂行规定》[14]第二十五条要求，站队应当在醒目位置设置重大危险源安全警示牌，内容应包括：

（1）危险源的名称、等级；

（2）危险源地点、部位；

（3）危险物质的理化特性；

（4）危险源的危险特性；

（5）应急处置措施；

（6）安全警告及防护标识；

（7）联系人及联系电话。

四、职业病危害公告栏

按照《职业病防治法》[15]第二十五条要求，站队应当在醒目位置设置职业病危害公告栏，公告栏内容应包括：

（1）危害物质的名称及其理化特性；

（2）危害产生的部位及后果影响；

（3）危害监测结果及标准限值；

（4）防护措施及应急处置；

（5）安全警告及防护标识。

五、站队安全标识管理要求

（1）每年站队根据风险识别结果，对现场安全标识不正确、不全面的要及时进行整改或补充。

（2）站队定期应对安全标识进行检查，以保持整洁、清晰、完整，如有褪变色、脱落、残缺等情况，应及时维修或更换。

（3）站队的应急疏散、逃生通道、紧急集合点、巡检路线必须设置明确标识。安全标识安装位置原则上在巡检线路进口侧。

（4）对站内的施工作业现场，根据危险状况进行安全隔离。

① 警告性隔离：用于临时性施工、维修区域、安全隐患区域以及其他禁止人员随意进入的区域。实施警告性隔离时，采用专用隔离带标识出隔离区域，加装警示牌，未经许可不得入内。

② 保护性隔离：用于容易造成人员坠落、有毒有害物质喷溅、路面施工以及其他防止人员随意进入的区域。实施保护性隔离时，采用围栏、盖板等隔离措施且有醒目的警示标识。

（5）氧气、乙炔和氮气等压缩气瓶的外表面涂色以及有关警示标识应符合国家或行业标准的要求。同时，还应用标牌标明气瓶的状态(满瓶、空瓶、故障或使用中)。

（6）盛装危险化学品的器具应分类摆放，并设置标牌，标牌内容应参照危险化学品技术说明书(MSDS)确定，包括化学品名称、主要危害及安全注意事项等基本信息。

（7）安全标识的规格样式遵循《安全目视化管理规定》(GDGS/ZY 81.03-03—2010)的要求。

第二节　站场应急救生设施管理

一、相关术语

1. 风向标

风向标是站场内指示风向的装置。

2. 紧急警报系统

紧急警报系统是在发生事故等紧急状态时由警报装置发出声、光信号，提醒有关人员立即采取行动的系统。

3. 应急广播系统

在应急时对站场作业人员传达指令，同时也能对站场附近的外部人员及时传达相关指令和信息的音频控制系统。

4. 应急逃生门

安装在场站内生产装置区域附近围墙处(且该区域远离站场大门)的紧急逃生门。

5. 医疗救护设施

员工受到意外伤害应急救助所需的基本器械和物品。

二、应急救生设施设置要求

1. 风向标

(1) 设置数量。油库(二级以上)和首末站设置风向标 2~3 处；中间站设置风向标 1~2 处。输气站场设置风向标 1~2 处。

(2) 设置位置。风向标设置位置应在站场生产区和站控室等易于观察处。站场外动火施工作业应设立临时风向标。

(3) 规格要求。风向袋式风向标。风向标支架杆高度 12~16m。底部直径 DN150mm，顶部直径 DN80mm，变径安装，风向袋颜色为橙红色，进风口直径 480mm，出风口直径 250mm，长度 1500mm。

(4) 接地要求。风向标应设置防雷接地装置，接地引下线的冲击接地电阻不应大于 10Ω。

2. 紧急警报系统

(1) 站场自动报警系统的手动报警按钮设置按照 GB 50116—2013《火灾自动报警系统设计规范》执行。

(2) 输油气站应配置手摇式警报装置。手摇式警报装置应设置在站控室附近，位置明显且便于操作的地点，支撑立柱高度 1.2~1.5m。

3. 应急广播系统

(1) 设置数量。二级以上(含二级)油库应设置应急广播系统，室外扬声器应设置 2~3 处，办公区域广播系统每层办公区至少设置 2 处扬声器。

(2) 设置位置。应急广播的广播控制系统应设置在站控室。办公区域现场音响设置在办公楼和生活区；生产区现场音响应根据现场情况合理确定。

(3) 功率要求。办公区域应急广播音响的数量和功率应满足任何部位能够清晰获得广播信息；生产区的扬声器，其播放范围内最远的播放声级，应高于背景噪声 15dB，并据此确定扬声器的功率。

4. 应急逃生门

(1) 设置数量。输油气站场大门出口对面一侧的围墙上，每间隔 70m 应设置一处应急逃生门，但是原则上不宜超过两处。

(2) 设置要求。逃生门应具备在内侧便于打开，外侧无法开启的功能，在紧急情况时，内部人员可随时推杆逃生，但是外面人员未经许可不能进入内部，起到防盗作用。逃生门处应设有明显的警示标识。

5. 应急医疗设施

（1）设置数量。输油气站和维抢修队应分别配备急救药箱一个和应急担架一副。站队急救箱常见药品见《基层站队安全警示、救生设施配置管理规定》（GDGS/ZY 82.02-02—2011）附录 A。

（2）设置位置。输油气站应急药箱应设置在站控室器材柜；应急担架设置在库房，维抢修队应急药箱和应急担架设置在工程抢修车辆内。

三、应急救生设施管理要求

（1）新建、改建、扩建后，站场应提出新增或拆除应急救生设施需求，上报分公司主管部门验收。

（2）站队应建立应急救生设施的管理台账，实施定位定人管理，定期进行检查和维护。

（3）站队应指定专人对应急药箱内药品和器材进行检查，确保数量和有效期满足使用要求。

第五章 安全环保教育

第一节 安全环保主题活动

（1）安全生产月。

全国"安全生产月"活动始于 1980 年，并确定今后每年 6 月都开展安全生产月活动，使之经常化、制度化。自 2002 年开始，我国将安全生产周改为安全生产月，根据需要确定当年活动主题。

（2）质量月。

全国"质量月"活动始于 1978 年，并确定每年 9 月组织开展的为期一个月，旨在提高全民族质量意识和质量水平的全国范围内的质量专题活动。每年的质量月都有一个明确的主题。

（3）环境日。

1972 年 6 月，联合国人类环境会议通过了著名的《联合国人类环境会议宣言》。同年的第二十七届联合国大会将这次会议的开幕日——6 月 5 日定为世界环境日。从此，每年的 6 月 5 日成了向全世界人民宣传环境保护重要性的宣传日。每年的世界环境日都有一个明确的主题。

（4）消防日。

我国消防日为每年的 11 月 9 日，因月日数恰好与火警电话号码 119 相同，而且这一天前后，正值风干物燥、火灾多发之际，全国各地都在紧锣密鼓地开展冬季防火工作。为增加全民的消防安全意识，使"119"更加深入人心，公安部在一些省市进行"119"消防活动的基础上，于 1992 年发起，将每年的 11 月 9 日定为全国的消防宣传日。

（5）交通安全专项活动。

以完善交通安全技术措施，规范交通安全行为重点，中国石油管道公司（以下简称管道公司）每年组织"百日交通安全""交通安全月"等主题活动，落实驾乘人员安全责任，规范交通安全行为。

安全工程师应对照公司针对"安全生产月""质量月"等活动部署的各项工作，开展各项工作，并按要求上报活动总结。

第二节 安全教育

一、管理人员安全教育

《中华人民共和国安全生产法》对安全生产教育培训有明确规定[16]：生产经营单位的主要负责人和安全生产管理人员必须具备与本单位所从事的生产经营活动相应的安全生产知识和管理能力；生产经营单位应当对从业人员进行安全生产教育和培训，保证从业人员具备必要的安全生产知识，熟悉有关的安全生产规章制度和安全操作规程，掌握本岗位的安全操作技能。未经安全生产教育和培训合格的从业人员，不得上岗作业。

《中国石油天然气集团公司安全生产管理规定》要求企业采取各种途径，定期对员工进行安全生产教育和培训，提高员工安全技术素质，保证员工具备必要的安全生产技能和防范事故的能力。未经安全生产培训考核合格的员工，不得上岗作业。企业和生产经营单位的主要负责人、分管领导和安全生产管理人员必须具备与本单位所从事的生产经营活动相适应的安全生产知识和管理能力。

各单位安全工程师、基层站队负责人及基层站队班组长 HSE 培训教育每年不得少于 24 学时。

安全教育内容为：有关健康、安全、环境的法律、法规、标准及规章制度；公司、本单位以及部门的健康、安全、环境规章制度；部门与岗位健康、安全、环境管理职责；健康、安全、环保专业技术知识；健康、安全、环境文化、理念知识；有关事故案例及事故应急处理措施等项内容。

二、三级安全教育

1. 新员工安全教育

新入单位员工(包括合同工、外单位调入员工、代培人员和实习人员、市场化员工等)必须经单位级、站队级、班组级三级安全教育，其时间不少于 72h，每年接受再培训时间不得少于 20 h。新员工要经考试合格后，方可进入生产岗位工作和学习。

站队级安全教育时间不少于 24 学时。由站队负责人负责，安全工程师负责组织实施。其教育内容主要为：

(1) 本站队的安全生产、职业卫生、环境管理状况。

(2) 本站队主要危险有害及环境因素分布情况，重点安全注意事项，操作规程和健康、安全、环境管理规章制度。

(3) 安全设施、工器具、个人劳动防护用品、急救器材、消防器材的性能和使用方法及火警和急救联系方法，预防事故和职业危害的主要措施。

(4) 典型事故案例及事故应急处理措施等。

班组级安全教育由班组长负责教育，可采用讲解、演习相结合等方式，时间不得少于 24 学时。其教育内容为：

① 本岗位(工种)的生产流程及工作特点和注意事项。

② 本岗位(工种)应知应会及安全技术操作规程。

③ 本岗位(工种)设备、工具的性能和安全技术装备、安全设施、监控。

④ 仪表的作用，防护用品的使用与保管方法。

⑤ 本岗位(工种)事故案例及危险因素的预防措施等。

安全工程师应建立三级安全教育台账，将教育考核情况及时填入站队安全教育台账。未经三级安全教育或考试不合格者，不得上岗。

2. 转岗员工安全教育

员工内部调动工作岗位时，接受员工的基层站队安全工程师应对其进行站队、班组级安全教育，经考试合格后，报安全、生产部门核准后，方可从事新岗位工作。

3. 再上岗人员安全教育

员工脱离操作岗位(休产假、病假、外出学习等)半年以上再上岗时,安全工程师必须重新进行站队、班组级安全教育。

三、特种作业人员安全教育

安全工程师监督特种作业人员持证上岗情况。

1. 特种作业范围

公司特种作业人员包括电工作业、金属焊接切割作业、起重机械(含电梯)作业、锅炉作业(含水质化验)、压力容器作业、登高架设作业、放射线作业、厂内机动车辆驾驶等特种作业的人员。

(1) 电工作业。指对电气设备进行运行、维护、安装、检修、改造、施工、调试等作业(不含电力系统进网作业)。

高压电工作业指对 1kV 及以上的高压电气设备进行运行、维护、安装、检修、改造、施工、调试、试验及绝缘工、器具进行试验的作业。

低压电工作业指对 1kV 以下的低压电器设备进行安装、调试、运行操作、维护、检修、改造施工和试验的作业。

(2) 焊接与热切割作业指运用焊接或者热切割方法对材料进行加工的作业。

(3) 起重机械(含电梯)作业。含起重机械(含电梯)司机、司索工、信号指挥工、安装与维修工。

(4) 锅炉作业(含水质化验)含承压锅炉的操作工、锅炉水质化验工。

(5) 压力容器作业。含压力容器罐装工、检验工、运输押运工、大型空气压缩机操作工。

(6) 登高架设作业指专门或经常在坠落高度基准面 2m 及以上有可能坠落的高处进行的作业。含 2m 以上登高架设、拆除、维修工,高层建(构)物表面清洗工。

(7) 厂内机动车辆驾驶。含在企业内码头、货场等生产作业区域和施工现场行驶的各类机动车辆的驾驶人员。

2. 特种作业人员培训考核

特种作业人员必须经省、自治区、直辖市审核认可的特种作业人员专业培训机构组织的专业性安全教育和培训,考试合格取得特种作业操作证后,方可从事作业。

离开特种作业岗位达 6 个月的特种作业人员,应当重新进行实际操作考核,经合格后方可上岗作业。

取得《特种作业人员操作证》者,每两年进行 1 次复审。连续从事本工种 10 年以上的,经用人单位进行知识更新教育后,每 4 年复审 1 次。复审内容包括:健康检查、违章记录、安全新知识和事故案例教育、本工种安全知识考试。未按期复审或复审不合格者,其操作证自行失效。

四、日常安全教育

安全工程师应建立安全培训档案,结合站队安全活动、各类会议对员工进行经常性的安全思想、安全技术和遵章守纪教育,增强安全意识和法制观念,定期研究解决职工安全教育中的问题。并通过安全活动进行岗位日常的安全培训教育。班组应在班前会、班后会上进行安全教育。安全工程师对特种作业人员教育和持证上岗情况进行监督。

五、施工队伍安全教育

（1）安全工程师负责对所辖区域内外来施工队伍的作业票证进行检查、登记、确认，进行入场安全教育，办理进入站场施工作业相关手续。

（2）掌握外来施工队伍当天的作业内容，有效识别作业的风险并制订削减风险措施。对辖区内外来施工安全作业条件进行检查确认，符合作业条件后方可允许进场作业，负责安排专人对施工现场进行安全监护。外来施工结束后，外来施工的《作业票》由站场负责收回并留存备查。

六、其他安全教育

根据不同季节和节假日的特点，及时组织进行有关的 HSE 教育。

在新工艺、新技术、新装置、新产品投产前，各单位要组织编制新的安全操作规程，进行专门教育。有关人员经考试合格后，方可上岗操作。

针对事故和未遂事故，及时进行安全教育和安全经验分享。

第三节　安全活动

一、活动时间

安全工程师应定期组织安全活动。站队每月至少一次、班组必须坚持每周一次安全活动，也可根据活动内容将站队与班组安全活动合并开展，每次活动时间不应少于 1h。

所有站队长每月至少参加一次班组安全活动。

二、活动计划及要求

站队安全工程师每月初制订站队、班组安全活动计划，确定活动主题，做到活动主题明确、方式灵活、内容丰富。

站队安全活动由站队长组织、班组安全活动由班组长组织，活动应严格考勤制度，不得无故缺席。对缺席者要进行补课并记录。

安全活动情况记录在安全活动记录中，记录至少应包括活动时间、参加人、活动主题、活动开展情况描述、需要改进与提高的相关工作和以往活动要求的落实情况。

安全活动记录和活动相关素材应保留 1 年以上，以便查阅安全活动内容。

三、安全活动内容

（1）学习涉及本岗位健康、安全、环保的各类生产文件、法律法规、规章制度、两书一表、技术知识、上级通知、通报及相关材料。

（2）安全经验分享，指员工将本人亲身经历或看到、听到的有关安全、环境和健康方面的经验做法或事故、事件、不安全行为、不安全状态等总结出来，通过介绍和讲解，在一定范围内使事故教训得到分享、典型经验得到推广。可以采取本人讲述、幻灯片或视频播放、短剧等多种形式。

（3）工作循环检查。与员工沟通并到现场进行验证来了解关键作业项目实际操作情况以及实际操作与书面操作规范的差异，进而发现操作规范本身的缺陷，以便于进行操作规范的修订工作。

（4）通报并讨论本站队、班组（岗位）QHSE 目标指标完成情况，针对存在问题提出改进意见。

（5）结合内外部事故案例，讨论分析典型事故，总结吸取经验教训。内容可涉及岗位作业期间和下班后的人身安全等诸多方面。

（6）熟悉本岗位生产工艺流程和设备性能，学习掌握本岗位安全检查重点，了解安全装置、检测监控仪表、消防器具、劳动防护用品的使用和维护保养方法。

（7）进行风险识别和评价活动，开展作业安全分析(JSA)、岗位练兵和应急预案演练。

（8）研究讨论班组安全检查中发现的各类问题的整改及监控措施。邀请有关领导、专业技术人员参加活动，进行相应的讲座或讨论。

（9）开展安全生产合理化建议，岗位作业改革创新相关活动。

（10）总结分析上月、周安全生产工作，布置下阶段工作计划。

四、检查与评比

安全工程师要及时检查班组安全活动情况和效果，定期检查班组安全活动记录，解决相关问题，写出评语并签字。

第四节 进站安全管理

一、进站安全教育

1. 外来人员

外来人员指进站检查指导人员(机关人员和外部人员按照外来人员管理，站队人员不需按此规定)、参观学习人员、实习人员和外来施工人员等。

安全工程师应监督指导外来人员进站之前的安全教育，在进行安全消项确认后方可入站。

2. 安全教育内容

教育内容如下，检查和参观人员可以只进行(1)(3)和(4)项内容：

（1）本站概况及主要危险源。

（2）本站安全要求和相关安全管理规章制度。

（3）进站安全须知。

（4）本站应急逃生路线。

（5）典型事故案例。

（6）其他需要说明的内容。

安全工程师应结合本单位实际制订外来人员安全教育教材和进站人员安全消项表(卡)。

二、进站人员安全检查

安全工程师应对进入输油气站人员进行进站安全检查，合格后方可允许进站，进站安全检查内容主要包括：

（1）劳保着装必须符合规定要求，带有铁钉、铁掌的鞋禁止穿戴进入生产区。

（2）随身携带的打火机、火柴等火种进站前必须交由指定人员保存。

（3）携带易燃、易爆及其他危险品的人员进站前，危险品必须交指定人员保存，并进行妥善处置。

（4）随身携带的手机在进入生产区域前必须关机。

外来人员进站前应进行安全教育，填写《外来人员进出站登记表》并在规定的作业范围内活动登记，人员出站时应与进站登记内容进行核对。

在发生紧急情况时，外来人员应听从现场指挥，按规定的逃生路线紧急疏散、迅速撤离危险场所。

三、进站车辆要求

（1）对进入输油气站场的车辆实行审批制度，未经批准的车辆一律不得进入站内。

（2）经过批准进站的机动车辆要戴符合安全要求的防火帽才可进入，并按指定的路线位置行驶和停放。

（3）进站车辆不得占用消防通道，临时停放时驾驶人员不得离开车辆。

四、站区内照相、摄像相关要求

对进入输油气站场的照相、摄像活动实行审批制度，未经批准任何人不得在生产区内照相、摄像。进入罐区，严禁使用非防爆摄像、照相器材。

进入生产区的照相、摄像活动应指定专人全程陪同，陪同人员应携带便携式可燃气体检测仪，当场所内的可燃气体浓度达到爆炸下限的25%或以上时，应立即停止照相、摄像，并撤离生产区。

对于同时进入生产区的照相、摄像人员数量应满足以下要求：

（1）省（部）级或以上领导的参观、检查时，照相、摄像人员不应多于3人。

（2）局级领导的参观、检查时，照相、摄像人员不应多于2人。

（3）处级及以下领导的参观、检查时，照相、摄像人员不应多于1人。

（4）因工程施工、设备检修、事故调查等生产需要，在生产现场采集影、像资料时，照相、摄像人员不应多于2人。

检查和参观人员进站检查、参观必须由站内人员陪同，超过5人时陪同人员不得少于2人，需要分散进行参观或检查指导时要分设陪同人员，防止外来人员离队或进行危险活动。在站期间未经允许不得私自活动及进入危险区域及限制区域，不得私自触摸、操作现场设备。

第六章 职业健康管理

第一节 职业健康体检及监测

一、相关术语

1. 职业健康

职业健康是研究劳动条件对劳动者健康的影响，以劳动者的健康在职业活动过程中免受有害因素侵害为目的的工作领域，研究改善劳动条件的一门学科，其首要的任务是识别、评价和控制不良的劳动条件，以及在法律、技术、设备、组织制度和教育等方面采取相应措施以保护劳动者的健康。

2. 职业病[17]

职业病是指企业、事业单位和个体经济组织等用人单位的劳动者在职业活动中，因接触粉尘、放射性物质和其他有毒、有害因素而引起的疾病。职业病的分类和目录由国务院卫生行政部门会同国务院安全生产监督管理部门、劳动保障行政部门制定、调整并公布。

3. 职业接触限值(OEL)[18]

职业接触限值(OEL)是职业性有害因素的接触限制量值，指劳动者在职业活动过程中长期反复接触对机体不引起急性或慢性有害健康影响的容许接触水平。

4. 时间加权平均容许浓度(PC-TWA)

时间加权平均容许浓度(PC-TWA)指以时间为权数规定的 8h 工作日的平均容许接触水平。

5. 最高容许浓度(MAC)

最高容许浓度(MAC)指工作地点、在一个工作日内、任何时间均不应超过的有毒化学物质的浓度。

6. 短时间接触容许浓度(PC-STEL)

短时间接触容许浓度(PC-STEL)指一个工作日内，任何一次接触不得超过的 15min 时间加权平均的容许接触水平。

7. 职业禁忌证

职业禁忌证是指某些疾病(或某种生理缺陷)，其患者如从事某种职业，便会因职业性危害因素而使病情加重或易于发生事故，则称此疾病(或生理缺陷)为该职业的职业禁忌证。

8. 急性中毒

急性中毒是指职工在短时间内摄入大量有毒物质，发病急，病情变化快，致使暂时或永久丧失工作能力或死亡的事件。

9. 有害物质

有害物质是对化学的、物理的、生物的等能危害职工健康的所有物质的总称。

10. 有毒物质

有毒物质是指作用于生物体，能使机体发生暂时性或永久性病变，导致疾病甚至死亡的物质。

11. 劳动防护用品

劳动防护用品是指为使职工在职业活动过程中免遭或减轻事故和职业危害因素的伤害而提供的个人穿戴用品。

12. 工作环境

工作环境是指工作场所及周围空间的安全卫生状态和条件。

二、职业健康体检

1. 职业健康检查分类

（1）就业前健康检查。

（2）定期职业健康检查。

（3）应急健康检查。

（4）离岗健康检查。

（5）职业病患者和观察对象定期复查。

2. 职业健康检查项目和周期

职业健康检查项目和周期见《管道公司常见职业危害因素及体检周期》（附录 A）。未做规定的按照国家卫生和计划生育委员会《职业健康检查管理办法》（国家卫生和计划生育委员会令第 5 号）执行；应急健康检查项目要以有害因素可能对员工健康造成的危害为依据进行确定；职业病患者定期复查项目由职业病诊断部门确定。

健康检查结果及处理意见，应及时反馈到员工本人。体检中发现有疾病的员工或者诊断为职业病的患者，需及时上报分公司职业健康主管部门。

3. 健康监护档案管理

建立健全员工健康监护档案。站队专兼职安全工程师应将体检结果告知员工，并留存书面的告知记录。

三、职业健康监测

定期配合分公司开展工作场所进行职业病危害因素检测、评价。检测、评价结果更新录入本单位职业卫生档案，定期向所在地安全生产监督管理部门报告并向劳动者公布。

安全工程师应按本单位职业病防治计划和防治方案的要求，对工作场所的职业危害进行日常监测。进入现场必须佩戴安全帽、工作服、防护手套、防护眼镜、防毒面罩等相关防护用品。对作业场所所有作业浓度、强度的规定必须严格执行国家关于职业病危害因素种类、监测方法、监测周期的规定。监测结果按要求在作业现场公示。发现工作场所职业病危害因素不符合国家职业卫生标准和卫生要求时，应当立即采取相应治理措施，仍然达不到国家职业卫生标准和卫生要求的，必须停止存在职业病危害因素的作业；职业病危害因素经治理后，符合国家职业卫生标准和卫生要求的，方可重新作业。

对识别出的高风险职业危害因素应采取有效的卫生防护设施，需进行职业危害治理的项目，上报本单位职业健康主管部门，按管道公司有关规定报规划计划部门审查、立项。对识别出的一般风险职业危害因素，按制订的风险控制措施治理落实，并配备配齐个人防护措施。

四、职业健康管理的基本要求

1. 职业健康管理措施

《中华人民共和国职业病防治法》对职业病防治管理措施作出了如下规定[15]：

（1）设置或者指定职业卫生管理机构或者组织，配备专职或者兼职的职业卫生管理人员，负责本单位的职业病防治工作；

（2）制订职业病防治计划和实施方案；

（3）建立、健全职业卫生管理制度和操作规程；

（4）建立、健全职业卫生档案和劳动者健康监护档案；

（5）建立、健全工作场所职业病危害因素监测及评价制度；

（6）建立、健全职业病危害事故应急救援预案。

不得安排未成年工从事接触职业病危害的作业；不得安排孕期、哺乳期的女职工从事对本人和胎儿、婴儿有危害的作业。

2. 职业健康标识管理

有产生职业病危害可能性的单位，应当在醒目位置设置公告栏，公布有关职业病防治的规章制度、操作规程、职业病危害事故应急救援措施和工作场所职业病危害因素检测结果。对可能产生严重职业病危害的作业岗位，应当在其醒目位置，设置警示标识和中文警示说明。警示说明应当载明产生职业病危害的种类、后果、预防以及应急救治措施等内容。有可能产生职业病危害的设备的，应当有中文说明书，并在设备的醒目位置设置警示标识和中文警示说明。

3. 职业健康设备设施管理

对职业病防护设备、应急救援设施和个人使用的职业病防护用品，应当进行经常性的维护、检修，定期检测其性能和效果，确保其处于正常状态，不得擅自拆除或者停止使用。

4. 职业健康培训管理

职业卫生管理人员应当接受职业卫生培训，遵守职业病防治法律、法规，依法组织本单位的职业病防治工作，培训内容应包括职业卫生知识、职业病防治法律、法规、规章和操作规程，正确使用职业病防护设备和个人使用的职业病防护用品等内容。

5. 职业病危害项目申报制度

工作场所存在职业病目录所列职业病的危害因素的，应当及时、如实向所在地安全生产监督管理部门申报危害项目，接受监督。

第二节　员工保健津贴

一、保健津贴工种分类

根据接触有毒物质和对人体危害程度，将有关工种分为甲类、乙类和丙类三个类别：

（1）甲类。从事 30m 以上高空作业、安装、检查维修铁塔人员享受甲类保健津贴。

（2）乙类。从事以下作业的人员享受乙类保健津贴：

① 沥青熬制、浇涂玻璃纤维制造人员、缠绕操作人员；

② 电、气焊及有色金属焊接工；

③ 喷漆操作人员；

④ 油罐清洗作业人员；

⑤ 装卸水泥、白灰、铅粉人员（包括装载机司机）；

⑥ 除锈操作人员；

⑦ 火车原油槽车加温卸油操作人员；

⑧ 下水道维修清理人员；

⑨ 加热炉、热媒炉、燃煤炉等炉内清灰人员。

（3）丙类。从事以下作业的人员享受丙类保健津贴：

① 压缩机组操作工、输气工，作业现场中每立方米含硫 10mg 以上（含 10mg）；

② 150kW 制冷机组（$50×10^4$kcal/h）操作及维修人员；

③ 压缩机组、输油泵机组、过滤器维修人员；

④ 锅炉工（高温季节享受）；

⑤ 油漆操作人员；

⑥ 与电、气焊工配合作业的管工、钳工；

⑦ 管道施工现场防腐补口人员；

⑧ 高压油泵喷雾、校正、试验、修理人员；

⑨ 栈桥装卸油作业人员；

⑩ 7m 以上 30m 以下悬空作业人员，包括电力、通信安装、话务线维修、微波值机、电视天线调试人员；

⑪ 清蜡通球清洗操作人员；

⑫ 封堵操作人员；

⑬ 充电、电瓶修理操作人员；

⑭ 上罐检尺的输油工；

⑮ 焊接电缆头人员（指加热接触沥青含铅物质）；

⑯ 绿化、农业使用农药喷雾灭虫人员；

⑰ 汽油保管、加油人员；

⑱ 从事有毒有害物质化验人员；

⑲ 降凝剂加剂人员；

⑳ 锅炉房机械上煤运煤人员；锅炉清渣人员、煤场管理人员每月按 10 天计发；

㉑ 从事清运垃圾人员；

㉒ 复印机室专职复印人员；

㉓ 每日接触噪声超过国家《工业企业噪声卫生标准》[19] 的人员。

二、享受保健津贴待遇的范围

凡从事以上保健津贴规定范围作业的公司员工、凡参加生产作业的管理和专业技术人员，其生产作业符合保健津贴的发放条件，可按照同工种、同待遇发给其参加生产作业期间的保健津贴。

三、保健津贴的核发

从事放射性工作的人员按月计发，当月未接触放射性工作者不发；其他工种一律按从事有害健康实际工作日计发。从事有害健康作业连续 4 h 以上者，按一天计算，不足 4 h 者，不予计算；保健津贴由各基层单位、部门按月申报，各级安全部门、人事部门审查，财务部门发放。

凡员工兼做两种享受保健津贴的工种，只能享受其中一种保健津贴待遇。

患有职业病的人员，经医疗卫生部门诊断，劳动和社会保障部门认定为职业病者，享受保健津贴，恢复后停止保健津贴发放。

四、保健津贴的发放标准

执行管道公司《特种作业职工保健津贴管理规定》。

第三节　劳动保护用品管理

一、劳动防护用品识别

每年根据分公司统一安排，定期组织开展对在用劳动防护用品完好情况的普查工作，辨识出破损、失效及存在隐患的劳动防护用品，征求劳动防护用品使用岗位人员提出劳动防护用品配备需求、建议，对本单位各岗位员工劳动防护用品需求进行识别、统计，填写《劳动防护用品识别表》(劳动防护用品台账中表 6)，并将结果反馈至安全科。

劳务用工人员的劳动防护用品根据工作需要，参照管道公司《员工个人劳动防护用品配备规定》配备。

进入生产作业场所和施工现场的承包商人员，应按现场管理要求穿戴劳动防护用品。各生产作业场所和施工现场应为访问者配备必要的劳动防护用品。同时为受其健康影响的人员配备劳动防护用品。

当工艺、设备、设施发生重大变更时，安全工程师应配合安全科开展对劳动防护用品的适用性和有效性进行识别和评估，并采取相应措施。

二、劳动防护用品的发放

安全工程师配合各单位物资采购部门按照劳动防护用品采购计划发放劳动防护用品，并建立《劳动保护卡片》(劳动防护用品管理台账中表 1)和《劳动防护用品发放表》(劳动防护用品管理台账中表 2)。

新调入或新分配到公司的员工(含市场化用工、劳务用工)，由安全工程师根据岗位需求将发放计划上报安全科审批后，发放劳动防护用品。

工种变化人员的防护用品，按新老工种规定年限短的计算，期满后，按新工种标准发放防护用品。转入特种作业的员工，按标准及时补发相应的防护用品。员工因病、脱产学习等脱离工作岗位一年以上，当期不再发放随护用品。

凡是超过规定有效期和不符合国家、行业发布的最新技术标准的劳动防护用品，不得发放或使用。

三、劳动防护用品的使用及管理

发放至基层单位员工个人的劳动防护用品的使用及管理要求具体执行《劳动防护用品使用及管理规定》。凡是在国家标准或产品使用说明书中，明确规定了有效使用期的特种劳动防护用品，必须严格执行其定期检验、报废规定。发给员工个人使用、保管的特种劳动防护用品，使用到期后及时给予更换。

劳动防护用品在使用过程中，未到规定的更新周期而发生破损或出现达不到预期防护效果的情况时，安全工程师应及时向安全科提出更换申请，申请时应详细说明破损或失效原因，并将破损或有问题的劳动防护用品交回，劳动防护用品管理部门审查批准后，补充发放新劳动防护用品。

安全科每年组织对劳动防护用品进行识别、评估，确认需要以旧换新的劳动防护用品。安全工程师每年对个人劳动防护用品和防护设备的使用情况进行分析，内容包括：总体使用情况(即对照年度历史数据分析各项劳动防护用品的配置数量变化，分析变化原因)、个人使用情况(即对照年度历史数据分析个人的各项劳动防护用品的配置数量变化，分析变化原因)和相关费用等；同时填写《劳动防护用品个人使用情况调查表》(劳动防护用品管理台账中表4)和《劳动防护用品总体使用情况分析表》(劳动防护用品管理台账中表5)。

安全工程师应对本单位公用劳动防护用品，如安全帽、空气呼吸器、安全网、安全带、绝缘靴和防毒面具面罩等，按规定进行检验和更新，并将检验情况填入《个人劳动防护设施检验、更新情况表》。

对进入本单位生产区域和施工现场的外来人员(不含承包商人员)，应按标准为其配备合格的劳动防护用品，并对其穿戴、使用情况进行检查。

安全工程师应留存个人防护设备的使用说明书、清洗、维修记录。强制报废的劳保用品(如安全帽等)应统一回收处置，并有记录。严禁以任何方式转让第三方使用。

第七章 环境保护管理

第一节 环境监测

一、相关术语

1. 环境

环境是指影响人类生存和发展的各种天然的和经过人工改造的自然因素的总体，包括大气、水、海洋、土地、矿藏、森林、草原、野生生物、自然遗迹、人文遗迹、自然保护区、风景名胜区、城市和乡村等。

2. 建设项目环境保护"三同时"

建设项目环境保护"三同时"是指建设项目的环境保护措施（包括防治污染和其他公害的设施及防止生态破坏的设施）必须与主体工程同时设计、同时施工、同时投入使用。

3. 环境影响评价

环境影响评价简称环评，是指对规划和建设项目实施后可能造成的环境影响进行分析、预测和评估，提出预防或者减轻不良环境影响的对策和措施，进行跟踪监测的方法与制度。

4. 清洁生产

清洁生产是对生产过程与产品采取整体预防的环境策略，减少或者消除它们对人类及环境的可能危害，同时充分满足人类需要，使社会经济效益最大化的一种生产模式。

5. 污染源

污染源是指造成环境污染的污染物发生源，通常指向环境排放有害物质或对环境产生有害影响的场所、设备、装置或人体。

6. 环境保护

环境保护即用经济、法律、行政的手段保护自然资源并使其得到合理的利用，防止自然环境受到污染和破坏。对受到污染和破坏的环境做好综合治理，以创造适合于人类生活、劳动的环境。

7. 环境监测

环境监测是以环境为对象，运用物理的、化学的和生物的技术手段，对其中的污染物及其有关的组成成分进行定性、定量和系统的综合分析。

二、环境监测与要求

1. 监测类别

监测类别包括环境质量监测、污染源监测、突发环境污染事件应急监测以及为环境状况调查和评价等环境管理提供监测数据的其他环境监测活动。

2. 监测项目

环境质量监测项目包括：

（1）环境空气——氮氧化物、总烃、总悬浮颗粒物（TSP）、非甲烷总烃、一氧化碳、硫化氢。

（2）地表水——水温、溶解氧、氨、氮、挥发酚、硫化物、石油类、化学需氧量、pH值；选测项：高锰酸盐指数、铜、锌、砷、汞、镉、铬（6价）、铅、氟化物、氰化物。

（3）噪声——厂界噪声。

（4）土壤——石油类、pH值；选测：镉、汞、砷、铜、铅、铬（6价）、锌、镍。

3. 污染物排放监测

（1）废水：石油类、化学需氧量、pH值、悬浮物、氨氮。

（2）废气：二氧化硫、氮氧化物、颗粒物、黑度。

4. 监测频次

（1）环境质量监测：两年监测一次；

（2）污染物排放监测：一年一次。

5. 监测要求

（1）输油气站、库工业废气排放筒应设监测采样孔。

（2）输油气站、库废水排放口应进行规范化管理。在排污口设立明显标识，标明排污口编号、污染物排放种类。废水排放口配备必要的测流条件（可根据实际情况采用流量计法、水表法、浮标法或溢流堰法）。

（3）站库区的排污及正常生产运行中的环境监测数据应齐全、准确，按要求记录、存档并建立台账。

（4）环境监测应委托有资质的专业队伍监测。

（5）保留好废水排放监测报告、厂界噪声监测报告、废气排放检测报告。

（6）当输油气站场、干线周边环境发生重大变化时，应对环境背景值及时进行复核，聘请有资质的评价单位针对新产生的环境因素进行环境质量监测，并对照环境背景值及以往环境质量监测结果进行评价，识别产生的环境影响。

第二节　污染源管理和排放控制

一、主要污染物排放管理要求及标准

污染源是指造成环境污染的污染物发生源，通常指向环境排放有害物质或对环境产生有害影响的场所、设备、装置或人体。

输油气站库采用的生产工艺、技术、设备应不产生或少产生污染物，排放的污染物应符合国家 GB 8978—1996《污水综合排放标准》、GB 13271—2014《锅炉大气污染物排放标准》、DB 11/501—2007《大气污染物综合排放标准》、GB 9078—1996《工业炉窑大气污染物排放标准》的要求；污染物排放口应设置标识，并标明主要污染物排放种类。

1. 废水排放标准

废水排放标准执行 GB 8978—1996《污水综合排放标准》相关规定，见表 7-2-1。

表 7-2-1　废水排放标准[8]

项目		pH 值	COD_Cr（mg/L）	石油类（mg/L）	悬浮物（mg/L）	硫化物（mg/L）
排放限值	一级标准	6~9	100	5(10)	70	1.0
	二级标准	6~9	150	10	150(200)	1.0
	三级标准	6~9	500	20(30)	400	1.0
说明	(1) 排入 GB 3838 Ⅲ 类水域和 GB 3097 二类海域的污水执行一级标准。 (2) 排入 GB 3838 Ⅳ 类、Ⅴ 类水域和 GB 3097 三类海域的污水热行二级标准。 (3) 排入设置二级污水处理厂的城镇排水系统的污水，执行三级标准。 (4) 排入未设置二级污水处理厂的城镇排水系统的污水，必须智能根据排水系统出水受纳水域的功能的要求分别执行(1)(2)条的规定。 (5) 排放限值中带括号的数值为 1997 年 12 月 31 日之前建设的单位执行的指标					

2. 锅炉、加热炉废气排放标准

10t/h 以上在用蒸汽锅炉和 7MW 以上在用热水锅炉 2015 年 9 月 30 日前执行 GB 13271《锅炉大气污染物排放标准》中规定的排放限值，10t/h 及以下在用蒸汽锅炉和 7MW 及以下在用热水锅炉 2016 年 6 月 30 日前执行 GB 13271—2014《锅炉大气污染物排放标准》中规定的排放限值[19]。

10t/h 以上在用蒸汽锅炉和 7MW 以上在用热水锅炉自 2015 年 10 月 1 日起执行表 7-2-2 规定的大气污染物排放限值，10t/h 及以下在用蒸汽锅炉和 7MW 及以下在用热水锅炉自 2016 年 7 月 1 日起执行表 2-2-2 规定的大气污染物排放限值。

表 7-2-2　在用锅炉大气污染物排放浓度限值

污染物项目	限值（mg/m³）			污染物排放监控位置
	燃煤	燃油	燃气	
颗粒物	80	60	30	烟囱或烟道
二氧化硫	400 550(1)	300	100	
氮氧化物	400	400	400	
汞及其化合物	0.05	—	—	
烟气黑度(林格曼黑度)(级)	≤1			烟囱排放口

注：(1) 位于广西壮族自治区、重庆市、四川省和贵州省的燃煤锅炉执行该限值。

自 2014 年 7 月 1 日起，新建锅炉执行表 7-2-3 规定的大气污染物排放限值。

表 7-2-3 新建锅炉大气污染物排放浓度限值

污染物项目	限值（mg/m³）			污染物排放监控位置
	燃煤	燃油	燃气	
颗粒物	50	30	20	烟囱或烟道
二氧化硫	300	200	50	
氮氧化物	300	250	200	
汞及其化合物	0.05	—	—	
烟气黑度（林格曼黑度）（级）	≤1			烟囱排放口

执行大气污染物特别排放限值的重点区域，锅炉废气排放执行表 7-2-4 规定的大气污染物特别排放限值（执行大气污染物特别排放限值的地域范围、时间，由国务院环境保护主管部门或省级人民政府规定）。

表 7-2-4 大气污染物特别排放限值

污染物项目	限值（mg/m³）			污染物排放监控位置
	燃煤	燃油	燃气	
颗粒物	30	30	20	烟囱或烟道
二氧化硫	200	100	50	
氮氧化物	200	200	150	
汞及其化合物	0.05	—	—	
烟气黑度（林格曼黑度）（级）	≤1			烟囱排放口

加热炉废气排放执行 GB 9078—1996《工业炉窑大气污染物排放标准》，见表 7-2-5。

表 7-2-5 加热炉废气排放标准[22]

项目	燃料	烟尘浓度（mg/m³）			二氧化硫浓度（mg/m³）	氮氧化物（mg/m³）	烟气林格曼黑度（级）
		一类区	二类区	三类区			
排放限值	煤	80（100）	200（250）	250（350）	900（1200）	—	1
	油		150（200）	150（200）		400（—）	
	气		50	100		400（—）	
说明	一类区为自然保护区、风景名胜区和其他需要特殊保护的地区。二类区为城镇规划中确定的居住区、商业交通居民混合区、文化区、一般工业区和农村地区。三类区为待定工业区。排放限值中带括号的数值为 2000 年 12 月 31 日之前建设的单位执行的指标						

3. 输油气站库工作地点噪声卫生限值标准

输油气站库工作地点噪声卫生限值标准见表 7-2-6。

表 7-2-6 输油气站库工作地点噪声声级的卫生限值[19]

项目	标准值				
每个工作日接触噪声时间(h)	8	4	2	1	最高不得超过
允许噪声[dB(A)]	85	88	91	94	115

4. 输油气站库厂界环境噪声排放限值标准

输油气站库厂界环境噪声排放限值标准见表 7-2-7。

表 7-2-7 输油气站库厂界环境噪声排放限值

类别 / 厂界外环境功能区类别	噪声排放限值 L[dB(A)]	
	昼间	夜间
0	50	40
I	55	45
II	60	50
III	65	55
IV	70	55
说明	0 类指康得疗养区等特别需要安静的区域。 I 类标准适用于居住、文教机关为主的区域。 II 类标准适用于居住、商业、工业混杂区及商业中心区。 III 类标准适用于工业区。 IV 类标准适用于交通干线道路两侧区域。 各类标准适用范围由地方人民政府划定	

二、污染源管理及控制

污染源管理实施分类管理，明确每个污染物排放口达标排放的责任人。对于产生污染的生产过程，操作规程中应当有明确的污染物控制和排放规定。

污染物排放必须符合政府规定的污染物排放标准，固体废物处置应当满足有关技术规范要求，并依法缴纳排污费。5 万元以下由所属单位安全、财务部门审批。

因清管作业、油品泄漏等产生危险废物，各有关单位必须按照国家有关规定处置危险废物，不得擅自倾倒、堆放。危险废物处置应当委托有资质的单位处置。

有利用价值的物质、热能应回收利用，以废治废综合治理，防止产生二次污染。

废物管理应当符合环境保护法律法规和相关标准规范的要求，并按下列顺序进行控制：

（1）预防。从工艺、原材料、设备等源头消除或最小化废物的毒性和数量。

（2）再循环。对废物进行最大可能限度地回收和再使用。

（3）处理。通过对废物进行有效处理使废物产生量或毒性最小化。

（4）处置。采用环境友好且可靠的方法对废物进行处置。

对废弃物处置需建立完整的废物处理和排放控制档案，执行废物排放管理申报登记制度，依法申请办理排污许可证。外委处理处置可能污染环境的废物时，应当核实受托方的资质和能力，并监督处理处置过程。

三、环境月报

安全工程师每月定期上报环境月报。环境月报填报内容应按 HSE 信息系统，环境统计报表管理中月报填报格式要求填写。

上报环境月报的同时还应进行每月环境月报指标变化差异分析。差异分析的主要内容包括：环境月报中工业废气中二氧化硫(含固定源和移动源)和氮氧化物(含固定源和移动源)的计算方法、计算过程、污染物排放量、同比、累计同比和环比变化原因。

第三节　环保设施运行监督

一、环保设施的运行管理

安全工程师应当加强污染治理、废物处置和生态保护等环境保护设施的管理，在定期开展的安全环保检查中对环境保护设备设施完整性、运行情况等进行检查，确保环境治理设施必须运行良好，并有运行记录。环境保护设施不得擅自闲置、停运或者拆除。

1. 废水管理

安全工程师应定期对输油气站废水处理排放情况进行检查，重点检查清、污分流以及污水处理设施运行情况等内容。油罐脱水、罐底排污排出的含油污水，应进行处理，不得就地排放。含油污水处理应保留"含油污水处理记录"，凡产生工业污水的各大型油库和输油单位首末站应建立含油污水处理设施；站库内无处理能力时应回收储存，送至有处理能力的机构集中处理；污水或废水处理应选用低毒、高效、二次污染较轻的水处理药剂。

2. 废气管理

输油气站的加热炉、锅炉烟尘排放浓度超过标准时，应采取有效的消烟除尘、烟气净化措施，使排放浓度达标；天然气管道、设备维检修或事故处理须排放天然气时应通过放空设施并点燃后排放。放空设施应设置点火系统。

3. 噪声控制

站区办公室室内噪声不应大于60dB，生产车间(运行控制)值班室噪声不应大于65dB。

凡生产场所或站场厂界噪声超过标准时，应采取吸声、隔声、消声、阻尼、减振等技术措施减低噪声。

二、主要环保设施检查

防火堤检查内容见表7-3-1。

表7-3-1　防火堤检查内容

序号	检 查 内 容
1	防火堤内应无干草、无油污、无可燃物
2	管道、线缆不宜从防火堤堤身穿过。当不可避免时，穿越防火地处应采用非燃烧材料封实
3	防火堤内的电力、仪表电缆宜采用埋地敷设
4	防火堤应完整，禁止局部拆除防火堤或隔堤；局部沉降或破损时，应及时修复

续表

序号	检查内容
5	防火堤内侧防火涂料应完整，无脱落。内培土防火堤应保持土层完好，无冲沟、无塌陷
6	防火堤内排水设施应保持畅通，堤内地面、排水沟内无积水。排污阀位于关闭状态
7	防火堤变形缝应采用防火密封胶、防火填缝胶等进行填充封堵

除尘器检查内容见表 7-3-2。

表 7-3-2　除尘器检查内容

序号	检查内容
1	除尘器各项性能参数是否在规定范围内
2	各阀门开闭灵活、密闭性完好
3	排尘扣密封完好
4	卸灰除灰装置应无异常响动，密封完好，无阻塞
5	清灰机构无异常响动，阀门动作正常及密封完好。应防止喷吹系统的结露和冻结
6	滤袋的使用正常无磨损。滤袋或粉尘应无潮湿、板结的现象

污水处理装置检查内容见表 7-3-3。

表 7-3-3　污水处理装置检查内容

序号	检查内容
1	各项性能参数是否在规定范围内
2	格栅无阻塞
3	泵运转无杂音、振动，轴承润滑良好，无明显泄漏，泵体无明显腐蚀
4	钢结构无明显变形、开焊、断裂，表面干净无积尘
5	沉淀池防止污泥长久积沉，造成堵塞。
6	风机运转正常

第四节　废物管理及处置

一、固体废物管理

安全工程师应对固体废弃物的产生、存储、运输进行监督。不得擅自倾倒、堆放、丢弃、遗撒固体废物。禁止向江河、湖泊、运河、渠道、水库及其最高水位线以下的滩地和岸坡等法律、法规规定禁止倾倒、堆放废弃物的地点倾倒、堆放固体废物。对收集、贮存、运输、处置固体废物的设施、设备和场所，应当加强管理和维护，保证其正常运行和使用。城市生活垃圾应当按照环境卫生行政主管部门的规定，在指定的地点放置，不得随意倾倒、抛撒或者堆放。各单位应与具备相关资质的生活垃圾清运单位签订清运协议，并对其清运过程进行监督。

二、危险废物管理

1. 危险废物管理计划

安全工程师应制订危险废物管理计划，并向所在地县级以上地方人民政府环境保护行政主管部门申报危险废物的种类、产生量、流向、贮存、处置等有关资料。危险废物管理计划应当包括减少危险废物产生量和危害性的措施以及危险废物贮存、利用、处置措施。危险废物管理计划应当报产生危险废物的单位所在地县级以上地方人民政府环境保护行政主管部门备案。申报事项或者危险废物管理计划内容有重大改变的，应当及时申报。

2. 危险废物储存

危险废物不得倒入自然水体或任意弃之，应采取无害化堆置或送至有处理资质的单位处理。危险废物的容器和包装物以及收集、贮存、运输、处置危险废物的设施、场所，必须设置危险废物识别标识。存储场所应能防水、防渗漏、防扬散，避免造成二次污染。禁止混合收集、贮存性质不相容而未经安全性处置的危险废物。禁止将危险废物混入非危险废物中贮存。

3. 危险废物转移及处置

转移危险废物必须按照国家有关规定填写危险废物转移联单，并向危险废物移出地设区的市级以上地方人民政府环境保护行政主管部门提出申请。移出地设区的市级以上地方人民政府环境保护行政主管部门应当商经接受地设区的市级以上地方人民政府环境保护行政主管部门同意后，方可批准转移该危险废物。未经批准的，不得转移。

对危险废物的回收、处置应建立台账，填写《危险、有害废弃物回收、处理记录》。

4. 危险废物其他管理要求

清罐时沉淀的含油泥沙宜用蒸汽或热水进行分离处理，清出的原油应进行回收；无特殊情况，均应采用机械回收装置进行清罐；从油罐、油罐车、管线、污水处理设施中清除的废油泥、油沙、过滤料等废弃物，应综合利用，暂时不能综合利用的应按照 GB 1897《危险废物贮存污染控制标准》要求处置[23]，或委托有资质的单位处理。不得随处掩埋，防止产生二次污染；天然气管道应通过排污系统进行正常排污，天然气残液应进行回收；装卸车栈桥周围落地原油应及时清理、回收。

三、放射性污染管理

生产、运输、储存和使用放射性物质的单位，应当建立专门的管理制度，严格监督检查，有效防止因泄漏或丢失等造成环境污染。

涉源单位应当按照国家有关规定，申请办理辐射安全许可证。放射源的采购、废弃应当按照国家法规要求申请办理准购证和注销手续。有放射源的单位应当建立放射源动态管理信息档案，并年报管道公司质量安全环保部门备案。有放射源的单位应定期对放射场所和装置进行检查，对于不符合国家法规标准要求的场所和装置，责令限期整改，并在整改后组织验收。

第五节　绿色基层站(队)建设

一、建设管理内容

1. 环境制度整理与落实

识别并建立环保法律法规和规章制度清单，落实环境保护目标责任制，污染物排放符合国家和地方污染物排放标准及生产作业现场管理规范。

2. 生产工艺与装备

采用的技术及设备符合国家产业政策、技术政策要求。设备应定期进行检查和维护，确保设备达标运行，无"跑、冒、滴、漏"现象。

3. 资源能源利用

节约资源，生产物料尽量循环使用。优化作业现场布局，施工作业按照"适用、整洁、安全、少占地"的原则合理布置。建立健全资源能源使用消耗台账和记录。

4. 生态保护

严格实施 HSE"两书一表"管理，"两书一表"中有环境保护内容并严格执行；保护环境敏感目标，作业结束后进行生态环境恢复。

5. 污染物的治理与排放

采取可行的控制措施减少污染物的产生。污染物排污口设置应符合规范化要求，并定期监测，达标排放。固体废物和危险废物处置率达到 100%。无环境污染事件，无重大环境信访案件。

二、申报及评选

对已获得绿色基层站(队)称号的基层单位每三年进行一次复核。获得绿色基层站(队)称号的基层站(队)，出现下列情形之一，或者实施合并、重组、停产以及复核验收不合格的，撤销其环境保护先进称号，且不得申报绿色基层(站)队：

(1) 没有完成污染物排放达标率；

(2) 地方政府列入环境污染限期治理计划，未按期完成的；

(3) 发生一般及以上环境污染和生态破坏事故的(含承包商事故)；

(4) 未执行建设项目环境影响评价和环境保护"三同时"制度受到环境保护行政主管部门处罚的；

(5) 存在环境问题，受到公众投诉或者新闻媒体负面报道，并造成不良社会影响的，撤销绿色基层站(队)称号。

第八章 交通安全管理

第一节 违章行为监督检查

一、GPS 车载终端安装

（1）公司所有自有产权的在用机动车辆，除消防车辆、管道维抢修特种车辆（挖掘机、装载机、吊车）以外，必须申报并安装管道公司统一型号的车载终端。符合要求的新车入户后，应立刻逐级上报至公司质量安全环保处，经相关部门审核同意后立即安装。

（2）长期租用（超过 3 个月）的车辆，使用单位应限期要求车辆产权单位安装公司统一型号的车载终端，否则停止继续租用。

（3）车载终端最初启用阶段，应密切注意使用情况，发现问题应及时处理，确保设备正常好用。

二、GPS 监控系统的日常管理

（1）每站队至少配备一名专（兼）职车辆 GPS 系统管理员，负责监控数据采集、分析以及系统维护工作。

（2）管理员上岗前必须进行 GPS 系统培训，熟悉系统的使用操作方法。

（3）站队每周通过 GPS 系统对车辆运行情况进行日常检查和考核，对检测到的违章行为进行相应处罚并填报处理单。

（4）车载终端需要从一辆车拆装至另一台车时，站队确定后备案并作好记录；车辆报废或迁出时，站队应将车载终端全部设备拆下妥善保管。

三、驾驶员的违规处罚

1. 驾驶员主要违规

驾驶员有下列行为之一，均属违规：

（1）不按规定速度行车（通勤车等大型黄牌照车辆时速不得超过 100km/h，商务车辆等蓝牌照不得超过 120km/h），超速行驶的。

（2）不按规定进行换班驾驶，疲劳驾驶（连续行车超过 4h 没有停车休息）的。

（3）私自将 ID 卡交给他人使用的。

（4）驾驶员未经调度同意，超出所管辖区域（未按路单行驶）行驶的。

（5）车载终端损坏或发生故障，不及时（3 日内）向相关管理人员报告的。

（6）人为造成车载终端故障、随意拆卸、损坏终端设备以及采取技术手段影响车载终端正常运行的。

55

2. 违规处罚要求

（1）各站队将以 GPS 监控系统采集数据为依据，定期统计违规情况及时进行通报和处罚。超速处罚：超速规定时速 10% 及以内，处 50 元罚款；超过规定时速 10%～20% 的，处 200 元罚款；超过规定时速 20% 以上的，处 1000 元罚款并下岗培训，培训合格后方可上岗。

（2）无故驶出所辖区域或未按规定路线（路单）行驶的，提出警告并通报批评。此种情况下发生的事故后果自负。

（3）疲劳驾驶司机罚款 50 元，对乘车最高领导（即带车人）通报批评。

（4）同一名驾驶员每月被处罚超过 3 次及以上的或年度内累计被处罚超过 5 次及以上的，吊销驾驶员内部准驾证。

（5）车载终端损坏不及时（3 日内）上报，给予通报批评。

（6）人为损坏车载终端，根据情节严重程度，罚款 500～2000 元，并给予通报批评。

（7）不按规定要求对车载终端进行认真交接的（查车辆交接记录），罚款 100 元。

第二节　机动车及驾驶员安全管理

一、机动车辆安全管理

1. 车辆允许使用基本条件

（1）符合国家关于机动车运行安全技术条件的要求，通过年检。

（2）车辆所有座位均应按要求配备安全带，并保证合格好用。

（3）除消防车辆、管道维抢修特种车辆（挖掘机、装载机、吊车）以外所有自有产权的在用机动车辆必须安装符合国家标准并具备 GPS 功能的车辆行驶记录仪。

（4）车籍与车管单位相符，证照齐全。

2. 车辆安全检查制度

（1）驾驶员应严格执行车辆的"三检"制度，即出车前、行驶途中和回厂后的车辆检查、保养，做到小故障不过夜，故障不排除次日不出车。

（2）站队每周对车辆进行一次安全检查，填写《车辆安全检查表》。

（3）车辆的安全保护装置应齐全、可靠、灵敏，对刹车等重要安全保护装置应定期进行检验、调校，确保安全、可靠。

（4）若发现与本单位同型号的车辆发生设备安全事故，应立即对本单位该型号车辆进行检查、处理，确保安全后方可使用。

3. 车辆安全检查内容

（1）车辆卫生：车内外卫生整洁，无尘土、无杂物；机盖内清洁，无杂物、无油污。

（2）机油状态：抽机油尺，油面高度不得低于刻度，机油颜色不混浊发黑，无杂质。

（3）防冻液/制动液：液面高度应在最小和最大刻度之间。

（4）电路状态：电瓶干净、插接线路规范，电线无裸露。

（5）发动机：启动顺畅、无异响，运行平稳，怠速正常。

（6）雨刮器：喷水试验，喷水正常，启动顺畅、清洗干净。

（7）灯光系统：行车灯、近光灯、远光灯、转向灯、刹车灯和雾灯等工作正常。

（8）制动器：手刹车，拉紧试验；必要时，启动车辆，做刹车试验。

（9）仪表盘：车内各类仪表指示灯显示正常，无报警。

（10）轮胎状态：气压正常，胎纹清晰，无铁钉、玻璃嵌入，固定螺母无松动，有备胎，入冬前应更换雪地胎。

（11）油箱状态：无漏油，油箱盖无丢失、无松动。

（12）车牌/证件：车牌无损坏，车牌号清晰，行车证、保险贴、年检贴齐全。

（13）随车工具：千斤顶、扳手、螺丝刀、灭火器、三角警示牌等齐全。

（14）GPS车载终端：通过GPS监控系统检查车载终端完好在用。

（15）安全带：车辆前后排安全带完好。

（16）防盗装置：防盗报警器正常，门锁无损坏。

二、驾驶员安全管理

（1）驾驶员资格的确认。

只有经过正式培训，审验合格，持《中华人民共和国机动车驾驶证》和《中国石油管道公司机动车准驾证》（简称"双证"）的人员，方能驾驶本单位机动车辆。

无"双证"的驾驶人，驾驶本单位机动车按无证驾驶论处。发生事故一切后果自负，并追究有关人员责任。

大型工程车辆、大客车、特种车辆及危险物品运输的车辆和驾驶员还应取得国家规定的特种车辆和驾驶员资格证书。

（2）定期对驾驶员各类不安全行为进行检查，检查结果纳入驾驶员的定期考核。

（3）严禁强令驾驶员违章行车。对各种违章指挥，驾驶员有权拒绝驾驶车辆。

（4）建立驾驶员监督考核作业指导书，定期对交通违章与交通事故进行分析研究，有针对性地制订出有效的预防措施。

（5）外聘驾驶员管理。

① 若聘用外部司机驾驶本单位车辆，要对应聘司机驾驶能力进行认真考核，要求应聘司机必须具有驾驶同种车型3年以上的经验，在准驾证和安全教育等方面的管理上同本单位驾驶员一样对待。

② 对于外聘或随车的外部驾驶员年龄必须在50周岁以下，并且要有当年县级以上医院出具的体检合格证明。

③ 若租用外单位车辆在3个月以上，随车的外单位驾驶员的安全教育应同本单位驾驶员一样对待。

三、交通安全教育

（1）站队应定期对驾驶员及相关人员进行交通安全培训。站队每月、班组每周必须组织驾驶员进行安全教育活动。安全活动需详细记录。驾驶员每年培训时间不少于48学时，其中单位集中培训不得少于两次。驾驶员因外出执行任务或其他原因不能参加培训时，应对其进行补课。

（2）交通安全教育培训主要内容应包括但不限：有关交通安全法律法规、规定及上级主管部门的通报、指示等；交通安全常识；交通运输风险管理知识；安全驾驶技术；车辆机械常识；职业道德教育；交通事故案例等。站队对驾驶员的培训应有培训计划、培训教案、教师和培训、考核记录。

（3）站队应对本单位员工进行安全乘车教育。乘车安全须知包括：

① 不携带易燃易爆、有毒有害危险物品。

② 按照要求扣系安全带。

③ 不与驾驶员闲谈或打闹，妨碍驾驶员安全行驶。

④ 不将肢体伸出车外。

⑤ 未停稳前，不上下车。

⑥ 遇见其他突发事件，沉着冷静，服从司乘人员指挥离车或采取其他处置措施。

四、交通安全设施和通道管理要求

（1）站队必须加强道路安全设施管理，要按照规定在场（矿）区道路、场门、弯道、单行路、交叉路、场区限制道路、管制道路、场区铁路道口等处设置交通安全标志。

（2）任何单位不得在场区道路上进行有碍交通安全的作业。需要临时占道、破土施工以及跨越道路拉设绳架时，由施工单位提出申请，主管部门核实，安全管理部门审核批准后，方可施工。施工单位施工时，须设有明显标识和安全防围设施，夜间要有警示灯。

（3）场区交通道路应平坦畅通，有足够的照明，路侧要设下水道（明沟应加盖），并定期疏通，严禁向路面排放蒸汽、烟雾、酸碱等有害的物质，冬季积聚的冰雪要及时消除。

（4）严禁在场区要道和消防通道上堆积物资设备。交通道路两侧堆放的物资，要离道边 1~2m，堆放要牢固，跨越道路拉设的绳架高度不得低于 5m。

第三节　车辆运行监督管理

（1）出车实行出车审批制，填写出车审批单，由站队车辆调度人员管理。

（2）用车应提出申请，经站队领导或授权人批准后，车辆调度根据在用车辆数量、种类和完好情况指派相应车辆（包括驾驶员）执行任务。不准公车私用。

（3）车辆调度应向驾驶员发放《出车审批单》。

（4）未经站领导有效审批的长途车辆一律视为跑私车，发生事故后果责任自负，同时追究单位领导责任。

（5）各种长途出车前，车辆调度和安全工程师两级严格把关，对车辆进行安全检查，对驾驶员进行安全教育。

（6）凡是节假日除生产生活值班车辆外，其他车辆一律实行"三交一封"（交车辆钥匙、行驶证、准驾证，封存车辆）。

（7）车辆调度安排车辆执行任务时应对拟派的车辆和执行的任务以及气象、行驶路线等进行风险判断，有选择地派出具体车辆。

（8）站队应减少夜间、节假日或不利车辆安全行驶条件下用车，严格控制夜间、节假日或不利车辆安全行驶条件下派发车辆，严格控制派发长途车。因工作需要夜间、不利车辆安全行驶气象条件、节假日派发车辆，应经站队值班领导批准，车辆调度、值班人员做好登记。雨雪天气、雾天及沙尘等复杂天气，原则上不发长途车。

（9）车辆应按《出车审批单》规定或指定的路线行驶，不准脱线行驶。员工长途通勤车辆临时改变行驶路线应经车辆调度同意，长期改变行驶路线应经单位领导审批，其他车辆改变行驶路线应经站队车辆调度人员同意。

（10）机动车辆必须达到基本状况良好，证照齐全有效才能出车。车辆调度人员和驾驶人员在车辆不具备安全行驶条件时，不准调派和驾驶车辆。

（11）带车人有责任监督驾驶员安全行驶，有权纠正驾驶员违法和违章违纪行为，遇有突发事件有志愿与驾驶员共同处置。

（12）车辆行驶、载运和停放，应遵守国家、地方道路交通安全法律法规，以及管道公司交通安全管理程序。

（13）驾驶员应严格执行车辆三检制，即出车前、行驶途中、手车后的车辆检查，做到小故障不过夜，故障不排除次日不出车。

第九章　消防安全管理

第一节　消防设备设施及器材管理

一、消防设备设施及器材分类

1. 消防设备设施分类

消防设备设施分类如下：

（1）建筑防火及安全疏散类。包括防火门、防火窗、防火卷帘、推闩式外开门和消防电梯。

（2）消防给水类。包括消防水池、消防栓（包括消防水枪、水带）、启动消防按钮、管网阀门、水泵结合器、消防水箱、增压设施（包括增压水泵、气压水罐等）、消防卷盘及消防水鹤（包括胶带和喷嘴）、消防水泵（包括试验和检查用压力表、放水阀门）、消防栓及水泵接合器的标识牌。

（3）防烟、排烟设施类。包括排烟窗开启装置、挡烟垂壁、机械防烟设施（包括送风口、压力自动调节装置、机械加压送风机、消防电源及其配电）、机械排烟设施（包括排烟风机、排烟口、排烟防火阀、消防电源及其配电）。

（4）电气和通信类。包括消防电源、自备发电机、应急照明、疏散指示标志、火灾事故照明、可燃气体浓度检漏报警装置、消防专线电话、火灾事故广播器材。

（5）自动喷淋灭火系统类（湿式、干式、雨淋喷淋灭火系统和水幕系统）。包括水源及供水装置、各类喷头、报警阀、控制阀、系统检验装置、压力表、水流指示器、管道充气装置、排气装置。

（6）火灾自动报警系统类。包括各类火灾报警探测器、各级报警控制器、系统接线装置、系统接地装置。

（7）气体灭火系统类（二氧化碳、卤代烷等气体灭火系统）。包括各类喷头、贮存装置、选择装置、管道及附件、防护区门、窗、洞口自动关闭装置、防护区通风装置。

（8）水喷雾自动灭火系统类。水雾喷头、雨淋阀组、过滤器、传动管、水源和供水装置。

（9）低倍数泡沫灭火系统类（固定式、半固定式泡沫灭火系统）。包括泡沫消防泵、泡沫比例混合装置、泡沫液储罐、泡沫产生器、控制阀、固定泡沫灭火设备、泡沫钩管、泡沫枪、泡沫喷淋头。

（10）包括大罐呼吸阀、阻火器、安全阀、泡沫发生器。

2. 消防器材分类

消防器材分类如下：灭火器、消防桶、消防铣、消防钩、消防斧、消防扳手、消防水带、消防水(泡沫)枪、消防砂、灭火毯等。

二、灭火器管理及检查

1. 灭火器管理要求[24]

(1) 灭火器应放置在位置明显和便于取用的地点，且不影响安全疏散。

(2) 有视线障碍的灭火器放置点应设置指示标志。

(3) 灭火器摆放应稳固且铭牌朝外。手提式灭火器宜放置在灭火器箱内或挂钩、托架上，其顶部离地面高度不应大于 1.50m，底部离地面高度不宜小于 0.08m，灭火器箱不得上锁。

(4) 灭火器应放置在干燥、无腐蚀性的位置，在室外放置时应采用防晒、防水、防高温的消防棚进行防护。

(5) 每个放置点存放灭火器数量不少于 2 具，不宜多于 5 具。

2. 灭火器检查内容

(1) 检查灭火器的维修标签和检查记录标签是否齐全完整，检查灭火器的有效期和灭火器按"四定"(定人、定期、定点、定责)管理的执行情况。

(2) 检查灭火器的铅封是否完好。

(3) 检查灭火器可见零部件是否完整，装配是否合理，有无松动、变形、老化或损坏。

(4) 检查灭火器防腐层是否完好，有明显锈蚀时，应及时维修并做耐压试验，试验不合格的必须报废。

(5) 检查带表计的贮压式灭火器时，检查压力表指针如指针在红色区域表明灭火器已经失效，应及时送检并重新充气换。

(6) 二氧化碳灭火器应每半年进行一次称重，比初始重量减少 10% 以上应进行维修。

(7) 检查灭火器的喷嘴是否畅通。

三、消防栓、工具箱管理及检查

1. 消防栓及工具箱管理要求

(1) 输油气站消防栓旁应设消防工具箱，消防工具箱距离消防栓不宜大于 5m。

(2) 消防栓及工具箱应有明显标识，任何单位、个人不得埋压、圈占、遮挡消火栓及工具箱。

(3) 冷水消防栓的消防工具箱内应配 2~6 盘直径 65mm、每盘长度 20m 的带快速接口的水带，两支入口直径 65mm、喷嘴直径 19mm 的水枪及一把消防栓钥匙。

(4) 泡沫消防栓的消防工具箱内应配 2~5 盘直径 65mm、每盘长度 2m 的带快速接口的水带，一支 PQ8 型或 PQ4 型泡沫枪及一把消防栓钥匙。

2. 消防栓及工具箱的检查内容

(1) 检查消火栓是否完好，有无生锈、漏水现象。

(2) 检查工具箱内消防水带、水枪、泡沫枪以及消防钥匙是否齐全、完好；工具箱外观是否完好，工具箱内部是否整洁。

(3) 定期进行放水试验和报警按钮试验，以确保火灾发生时能及时打开放水。注意：试验后，要把水带洗净晾干，按盘卷或折叠方式放入工具箱内。

（4）室外消防栓的闷盖是否齐全。

（5）地下消防栓标志是否清晰，消防栓井内是否有水，冬季是否加保温措施。

四、空气呼吸器管理及检查要求

1. 空气呼吸器管理要求

（1）二级及以上油库、输气站配置4套压缩空气呼吸器、2套过滤式防毒面具；输油站配置2套压缩空气呼吸器、2套过滤式防毒面具；维抢修队配置2套压缩空气呼吸器、2套过滤式防毒面具。

（2）每个输油气分公司配备2台充气泵(含维修队1台)，管线1000km以上的输油气分公司可配备3台(含维修队1台)。

（3）损坏的呼吸保护设备必须暂停使用并送交本单位安全管理部门统一维修，在修复和更换之前应做明显标示以免误用；禁止自行对呼吸保护设备进行任何形式的改造。

（4）充气泵每季度检查一次，确保空气符合技术要求，并记录检查结果。

（5）按照 GA 124—2013《正压式消防空气呼吸器标准》[25]和设备说明书中要求定期进行检验，气瓶检验应符合《气瓶安全监察规程》[26]的规定。

2. 空气呼吸器的检查内容

（1）检查面罩的镜片、系带、环状密封是否完好。面罩的每个部位要清洁，不能有灰尘或被酸、碱、油及有害物质污染，镜片要擦拭干净。

（2）供给阀是否灵活，与中压导管的连接是否牢固。

（3）气源压力表能否正常指示压力。

（4）检查背具是否完好无损，左右肩带、左右腰带缝合线是否断裂。

（5）气瓶组件的固定是否牢固，气瓶与减压器的连接是否牢固、气密。

（6）打开瓶头阀，随着管路、减压系统中压力的上升，会听到气源余压报警器发出的短促声音；瓶头阀完全打开后，检查气瓶内的压力应在 28~30MPa 范围内。

（7）检查整机的气密性，打开瓶头阀 2min 后关闭瓶头阀，观察压力表的示值 5min 内的压力下降不超过 4MPa。

（8）检查面罩和供给阀的匹配情况，关闭供给阀的进气阀门，佩戴好全面罩吸气，供给阀的进气阀门应自动开启。

五、消防应急疏散设施管理及检查

（1）一般情况下，各场所的安全出口不应少于2个，且安全出口应分散布置，并保持安全通道及出口畅通。

（2）具有疏散功能的楼梯、走廊应设置防火门，防火门应具有自动闭合功。

（3）具有疏散功能的楼梯、走廊、通道等应设置应急照明灯。

六、火灾自动报警系统管理及检查

（1）设有火灾自动报警装置和自动灭火装置的场所，应设消防控制室。

（2）二级及以上油库消防控制室应每班两人、每日 24h 进行值班监控，确保及时发现并准确处置火灾和故障报警。

（3）消防控制室值班人员应每日对消防泵进行盘泵，检查火灾报警控制器的自检、消音、复位功能以及主备电源切换功能并做好值班记录。

七、消防标识管理及检查

（1）消防安全重点部位以及消防控制室、消防水泵房等防火设施应设置消防标识。

（2）疏散指示标识应放在安全出口门的顶部或疏散走道及其转角处距地面高度 1m 以下的墙面上，走道上的指示标识间距不宜大于 20m。

（3）应急照明和疏散指示标识应设玻璃或其他非燃烧材料制作的保护罩。

八、消防设施及器材的维护保养[27]

（1）站队建立消防设备设施及器材管理台账。台账中应包括以下内容：名称、数量、规格、配属位置、检验周期、检验检测结果、检验检测证明、更新情况等。

（2）对火灾自动报警系统、气体灭火系统、水喷雾自动灭火系统及安全附件，应当每隔 12 个月委托具有相应检查测试和维修保养资质的部门进行一次检测和维修保养。自动冷却喷淋系统、消防泡沫灭火系统每年至少试运行一次。

（3）对建筑防火及安全疏散类、消防给水类、防烟与排烟设施类、电气和通信类、移动式灭火器材的检测及维修保养，应当到经强制性产品认证、型式认可或强制检验合格的销售、维修商处购买或维修。

（4）站队每月应进行一次消防设施、器材、消防标识的检查，发现丢失、过期或失效的应及时补充、更换，同时填写消防器材月检本(卡)，保留相关检查记录。

（5）泡沫液按照国标要求储存期为 8 年，泡沫罐装及备用桶装泡沫液应妥善储存，避免潮湿、阳光照晒以及接触化学物品，到达规定期限必须按规定报废。泡沫液台账及泡沫液罐标示牌要注明泡沫液生产厂家、泡沫液型号、配置时间、报废日期等。

灭火器应按规定送维修单位进行水压试验，达到报废年限的必须报废。手提贮压式干粉灭火器 10 年，手提式二氧化碳灭火器 12 年；推车贮压式干粉灭火器 10 年，推车式二氧化碳灭火器 12 年。

第二节　站队志愿消防队管理

一、站队消防档案

三级以上站库(即油品储存总容量大于 4000m³ 的站库)为管道公司消防重点单位。消防重点单位应按照当地政府消防管理部门要求，建立完善消防档案。消防档案包括消防安全基本情况和消防安全管理情况。

1. 消防安全基本情况

应当包括以下内容：

（1）站队基本概况和消防安全重点部位情况。

（2）建筑物的消防设计审核、消防验收以及消防安全检查的文件、资料。

（3）消防管理组织机构和各级消防安全责任人。

（4）消防安全制度。

（5）消防设施、灭火器材情况。

（6）专职消防队、志愿消防队人员及其消防装备配备情况。

（7）与消防安全有关的重点工种人员情况。

（8）新增消防产品、防火材料的合格证明材料。

（9）灭火和应急疏散预案。

2. 消防安全管理情况

应当包括以下内容：

（1）公安消防机构填发的各种法律文书。

（2）消防设施定期检查记录、自动消防设施全面检查测试的报告以及维修保养的记录。

（3）火灾隐患及其整改情况记录。

（4）防火检查、巡查记录。

（5）有关燃气、电气设备检测(包括防雷、防静电)等记录资料。

（6）消防安全培训记录。

（7）灭火和应急疏散预案的演练记录。

（8）火灾情况记录。

（9）消防奖惩情况记录。

二、消防安全培训

站队需要接受消防安全培训的人员有：各级消防安全责任人、专(兼)职消防管理人员、志愿消防队员、消防控制室的值班操作人员、易燃易爆危险岗位操作人员等。

站队消防知识和技能培训的主要内容有：火灾类别、性质、特点及其危害性，消防基本常识，消防标识，扑救火灾的手段和技能，在火灾中被困人员的自救和逃生方法等。

三、志愿消防队主要职责

（1）定期学习宣传消防法规，参加消防培训和演练。

（2）协助站队落实消防安全制度，参加日常的防火检查。

（3）熟悉本岗位的火灾危险性，熟练掌握灭火器材的使用方法。

（4）扑救初期火灾，协助专职消防队扑救火灾。

四、站队消防安全职责[28]

1. 消防法规

《中华人民共和国消防法》中规定的企业消防安全职责：

（1）落实消防安全责任制，制订本单位的消防安全制度、消防安全操作规程，制订灭火和应急疏散预案。

（2）按照国家标准、行业标准配置消防设施、器材，设置消防安全标识，并定期组织检验、维修，确保完好有效。

（3）对建筑消防设施每年至少进行一次全面检测，确保完好有效，检测记录应当完整准确，存档备查。

（4）保障疏散通道、安全出口、消防车通道畅通，保证防火防烟分区、防火间距符合消防技术标准。

（5）组织防火检查，及时消除火灾隐患。

（6）组织进行有针对性的消防演练。

（7）法律、法规规定的其他消防安全职责。

2. 消防安全重点单位

消防安全重点单位还应当履行的消防安全职责[29]：

（1）确定消防安全管理人，组织实施本单位的消防安全管理工作。

（2）建立消防档案，确定消防安全重点部位，设置防火标志，实行严格管理。

（3）实行每日防火巡查，并建立巡查记录。

（4）对职工进行岗前消防安全培训，定期组织消防安全培训和消防演练。

五、消防安全管理基本知识

四懂：懂本岗位的火灾危险性、懂预防火灾的措施、懂灭火方法、懂逃生方法。

四会：会报警、会使用消防器材、会扑救初期火灾、会组织人员疏散逃生。

四个能力：检查消除火灾隐患能力、组织扑救初期火灾能力、组织人员疏散逃生能力、消防宣传培训教育能力。

五个第一时间：第一时间发现火情、第一时间报警、第一时间扑救初起火灾、第一时间启动消防设施、第一时间组织人员疏散。

第三节　站队消防设施检测

按照《中华人民共和国消防法》《机关、团体、企业、事业单位消防安全管理规定》以及管道公司《消防安全管理程序》《消防设施及器材管理规定》相关要求，每年对建筑消防设施进行一次全面检测。站队负责配合有资质的单位进行年度消防检测。消防设备设施的检测内容、方法及要求，本节为安全工程师了解内容，不作为考试内容。

一、火灾探测系统

1. 感烟探测器

1）点型感烟探测器

（1）点型感烟探测器投入运行两年后，应每隔三年全部清洗一次，并作响应阀值及其他必要的功能试验。

（2）应在试验烟气作用下动作，向火灾报警控制器输出火警信号，并启动探测器报警确认灯；探测器报警确认灯应在手动复位前予以保持。

（3）消除探测器内及周围烟雾，报警控制器手动复位，观察探测器报警确认灯在复位前后的变化情况。

2）线型光束感烟探测器

（1）当对射光束的减光值达到 1.0~10dB 时，应在 30s 内向火灾报警控制器输出火警信号，探测器报警确认灯启动。

65

（2）分别将同减光值的滤光片，置于相向的发射与接收器件之间并尽量靠近接收器的光路上，同时用秒表开始计时。在不改变滤光片设置位置的情况下，查看30s内火灾报管控制器的火警信号、探测器报警确认灯的显示情况。

2．感温探测器

1）点型感温探测器

（1）使用温度不低于54℃的热源加热，查看探测器报警确认灯和火灾报警控制器火警控制器火警信号显示变化情况。

（2）移开加热源，手动复位火灾报警控制器，查看探测器报警确认灯在复位前后的变化情况。

2）线性感温探测器

（1）可恢复型线型感温探测器，在距离终端盒0.3m以外的部位，使用55～145℃的热源加热，查看火灾报警控制器火警信号显示。

（2）不可恢复型线型感温探测器，采用线路模拟的方式试验。

3．其他探测器

1）火焰探测器

（1）在探测器监测视角范围内、距离探测器0.55～1.00m处，应在火焰探测器试验装置（测试灯）作用下，在规定的响应时间内动作，并向火灾报警控制器输出火警信号；具有报警确认灯的探测器应同时启动报警确认灯，并应在手动复位前予以保持。

（2）撤销测试灯后，查看探测器的复位功能。

（3）用磁棒进行灵敏度调试，联合设置自定义的敏感度和延迟时间。

（4）火焰探测器应每半年正确使用测试灯进行一次测试，建立定期的清洁时间表，清洁探测器的光学表面，以确保整个防火系统的安全。

2）可燃气体探测器

（1）用专用磁棒、遥控器进行不同型号的可燃气体探测器的"标零"工作，将没有处于零点的探测器进行标定。

（2）向探测器释放对应的试验气体，观察报警响应时限内报警控制器的显示情况，原则上要采用经计量认证与被检测气体相匹配的标准样气。

（3）校验前探头的周围环境应无可燃气体。如果有可燃气体，应先拆下防雨罩，充入一定量的洁净空气后，再连续通入样气，以保证校验的准确性。

（4）对探测器进行清洗和重新标定后，对整个控制系统的功能重新进行调试，使系统恢复正常的监视工作状态。

3）光纤光栅感温探测器

（1）光纤光栅感温探测器信号强度测试，在信号处理器后面板取下光纤跳线接头，接到光纤光栅解调器上查看光纤光栅感温探测器的光衰减，光衰减应小于等于-30dB。

（2）光纤光栅感温探测器精度校准，使用高精度数显温度计在储罐顶部校准探测器安装处测量环境温度，然后在系统软件上对该储罐的温度进行标准。校准完后，校准探头和其他探头的温度应符合实际温度，误差应达到运行要求±1.50℃。

二、报警控制系统

1. 现场火灾报警器

1) 火灾报警控制器

(1) 进行火灾探测器的实效模拟试验时，观察火灾报警控制器的声光显示报警应正常，显示屏上探测区域号与现场消防设备位置的对应关系应准确无误，确保探测器能处于正常监视工作状态。

(2) 拆除任意一个探测器或模拟故障时，火灾报警控制器显示屏上应有故障显示。

(3) 接到火灾或故障报警信号后，火灾警报装置应按规定的要求发出相应的声光报警显示。

(4) 检查报警控制器的报警记忆功能、故障报警功能、火灾优先功能、打印、消音及复位功能等应正常。

(5) 触发自检键，而板上所有的指示灯、显示器和音响器件功能自检应符合出厂要求。

(6) 切断主电源，查看备用直流电源自动投入和主、备电源的状态显示情况应正常。

2) 可燃气体报警控制置

(1) 触发自检键，面板上所有的指示灯、显示器和音响功能自检应符合出厂设置。

(2) 切断主电源，查看备用直流电源自动投入和主、备电源的状态显示情况应正常。

(3) 模拟可燃气体探测器断路故障，查看故障显示，恢复系统正常工作状态。

(4) 向非故障回路的可燃气体探测器施加试验气体，查看报管信号及报警部位显示。

(5) 触发消音键，查看报警信号显示。

(6) 能直接或间接地接收来自可燃气体探测器及其他报警触发器的报警信号，发出声、光报警信号，指示报警部位并予以保持。声报警信号应能手动消除，再次有报警信号输入时应能发出报警信号，系统复位，恢复到正常工作状态。

3) 光纤光栅系统服务器及信号处理器

(1) 观察光纤光栅系统服务器对每个探测点的数据应正常、数值应稳定。

(2) 系统软件测试，查看系统软件应正常显示各个储罐的实时温度，记录系统的历史数据。

(3) 信号处理器报警功能，按下信号处理器自检按钮，查看其报警指示灯及报警声音应按照设定的程序依次响应。

(4) 信号处理器光回路，使用光功率计在信号处理器内部的光通道处进行测试，光功率输出应不低于 5MW。

(5) 信号处理器双机热备功能，正在使用的信号处理器突然断电，在系统软件处查看系统成自动切换至备用信号处理器，实时温度显示正常。

4) 手动报警

(1) 对手动报警按钮进行报警测试，观察按钮报警灯应正常。

(2) 检查按钮内部复位弹簧是否灵敏，复位正常。

2. 消防控制室

1) 消防综合控制、报警系统

(1) 观察 PLC 模块、RTU 模块的运行指示灯应处于正常工作状态，对其供电线路进行检查应正常。

（2）在手动工作方式下将现场设备供电断路器拉开，现场控制设备应发出故障报警，分别按下各阀开启、关闭按钮，观察 PLC 的 I/O 模块相应 I/O 点指示灯状态；对现场的报警设备进行测试，工作站上位机上显示报警信息应正常。

（3）自动化程序测试，在程序上进行模拟自动化调试工作应符合设计要求。

（4）对 PLC 机柜、RTU 机柜的接线进行检查，排除接线端子的应力松动问题。

（5）进行主备电源自动切换试验时，当主电源断电时，能自动转换到备用电源；主电源恢复时，能自动切换回主电源供电。在主、备电源的切换过程中，报警控制器不应产生误动作。

（6）检查所有转换开关的工作状态应正常。

（7）消防系统联动测试，调试工作站上位机控制、显示应正常。

（8）利用兆欧表、热敏探测器等对系统电缆、电线等进行线间电阻、接点发热情况等方面的测试，以保证系统电缆、电线的线间绝缘性能及各接线点的导电性能良好。

三、消防给水、自动喷淋和泡沫灭火系统

1. 消防给水系统

1）消防水罐

（1）水位应保持不低于规定液位。

（2）补水设施应正常。

（3）寒冷地区防冻措施完好。

（4）检查液位计示值应正确。

（5）联动低液位时正常启动自动补水系统。

2）消防泵

（1）输入模拟火灾信号后，火灾自动报警控制器发出声光报警信号并启动自动喷淋系统，相应喷淋泵及电动阀门按逻辑启动运行。

（2）消防水泵检测进行起泵运行试验，最佳方法就是做回流运行，即对消防水罐进行回流实验。

（3）观测水泵的运行参数应正常，在试验泡沫水泵时应将泡沫比例混合系统调到手动状态进行。具体做法如下：检查消防控制室工作站的泵参数数据是否正常；将消防泵房的泵出口、入口阀门的流程调到消防水罐循环流程；将现场泵及电动阀自调到自动位置；在消防控制室远程自动启动水喷淋系统；自动启动试验后将现场电动阀门及泵调到手动就地位置，进行现场试验；模拟故障状态进行主、备泵自动切换。

（4）起泵运行试验过程中重点观察：自动启停、现场启停是否正常；主备用泵转换运行是否正常；泵运行时保护参数是否正常；泵的出口及入口压力是否在设计压力范围内。

（5）在启动消防泵检测时，观察压力变送器及压力表的数据，压力变送器是否进行数据远传、数据是否正确、与压力表数据是否对应。

3）电动阀门

（1）检测电动阀门时，应将喷淋汇管上的手动阀门全部关闭，避免冷却水及泡沫液

进罐。

（2）在消防控制室远程控制电动阀门开与关，观察状态变化应正常。

（3）到现场将电动阀门的状态调至就地位置，在现场开、关阀门，观察其状态变化成正常。

（4）观察各阀门电压表、电流表的指示值应在规定的正常范围内。

（5）检查面板上所有指示灯、开关、按钮是否有损坏或接触不良情况。

4）自动喷淋系统

（1）系统启动后，冷却水到达指定罐喷淋冷却时间应不大于5min。

（2）冷却水供给强度应达到设计要求。

（3）冷却水形成的水幕连续、水雾均匀。

2. 泡沫灭火系统

1）泡沫比例混合器

（1）泡沫比例混合系统进行测试时，必须将泡沫液出口阀门关闭，将流程调整到循环状态，避免将泡沫液进入罐内。

（2）泡沫液流方向应正确。

（3）检查比例混合控制柜上手动和自动两种状态下相关阀门、信号是否正常。确认正常后，方可进行设备运行、灭火操作的测试。

（4）测试结束后，必须把泡沫流经的管道冲洗干净。

2）泡沫罐

（1）罐体或铭牌、标识牌上应清晰注明泡沫灭火剂的型号、配比浓度、泡沫灭火剂的有效日期和储量。

（2）储罐的配件成齐全完好，液位汁、呼吸阀、安全阀及压力表状态应正常。

3）泡沫发生器

（1）吸气孔、发泡网及暴露的泡沫喷射口，不得有杂物进入或堵塞。

（2）泡沫出口附近不得有阻挡泡沫喷射及泡沫流淌的障碍物。

四、罐外式烟雾自动灭火系统

（1）检查易熔合金探头腐蚀情况，如腐蚀严重，必须及时进行更换。

（2）系统药剂每4年进行一次更换，若储罐内带加热盘管或其他加热装置，系统内药剂须2年进行一次更换。更换的废药和消防引线必须在安全地带销毁。

五、消防供配电设施

1. 消防配电

（1）消防设备配电箱应有区别于其他配电箱的明显标识，不同消防设备的配电箱应有明显区分标识。

（2）配电箱上的仪表、指示灯的显示应正常，开关及控制按钮应灵活可靠。

2. 自备发电机组

（1）发电机仪表、指示灯及开关按钮等应完好，显示应正常。

（2）自动启动并达到额定转速并发电的时间不应大于 30s，发电机运行及输出功率、电压、频率、相位的显示均应正常。

（3）发电机房通风设施运行正常。发电机储油箱内的油量应能满足发电机运行 3～8h 的用量，油位显示应正常，燃油标号正确。

六、应急照明和疏散指示标识

（1）应牢固、无遮挡，状态指示灯正常，疏散方向的指示应正确清晰。

（2）疏散照明的地面照度不应低于 0.5lx，地下工程疏散照明的地面照度不应低于 5.0lx。

（3）配电室、消防控制室、消防水泵房、消防用电的蓄电池室、自备发电机房以及发生火灾时仍需坚持工作的其他房间，其工作面的照度，不应低于正常照明时的照度。

（4）应急照明时间不低 30min。

（5）辅助性自发光疏散指示标志，当正常光源变暗后应自发光，持续时间不应低于 20min。

七、应急广播系统

（1）扩音机：查看仪表、指示灯、开关和控制按钮，用话筒播音，检查监听效果。

（2）扬声器：检查外观及音响效果。

系统功能：

（1）在消防控制室用话筒对所选区域播音，检查音响效果。

（2）自动控制方式下，分别触发两个相关的火灾探测器或触发手动报警按钮后，核对启动火灾应急广播的区域、检查音响效果。

（3）公共广播扩音机处于关闭和播放状态下，自动和手动强制切换火灾应急广播。

（4）用声级计测试启动火灾应急广播前的环境噪音，当大于 60dB 时，重复测量启动火灾应急广播后扬声器播音范围内最远点的声压级，并与环境噪声对比。

第四节　可燃和有毒气体检测报警器管理

一、便携式可燃气体报警器

1. 使用场所

（1）进入生产工艺区、输油泵房、阀室、压缩机房等区域进行日常巡检时。

（2）维修保养输油气站内仪器设备时，进行置换、通球清管、吹扫、放空、排污、清理分离器等，可能产生石油、天然气等可燃气体的作业现场。

（3）进入容器或受限空间内部时。

2. 配备要求

输油气站生产操作岗位配备 4 台，放置在站控室器材柜；维抢修队配备 1 台，放置在安全工程师办公室。

二、便携式可燃气体检测仪

1. 使用场所

（1）维修、动火作业期间需要对可燃气体浓度进行检测的。

（2）其他可能存在可燃气体，并且需要检测气体浓度是否超标的场所。

2. 配备要求

输油气站安全工程师配备 1 台，放置在安全工程师办公室；维抢修队配备 1 台，放置在安全工程师办公室。

三、便携式氧含量检测仪

1. 使用场所

（1）进入油气管道储运生产区域的各类罐、炉膛、锅筒、管道、容器、阀井、排污池与作业坑等进出受到限制和约束的封闭、半封闭设备、设施时，必须携带便携式氧含量检测仪，并检测确认氧气浓度满足要求；

（2）其他需判断氧气含量是否满足要求的场所。

2. 配备要求

输油气站生产操作岗位配备 1 台，放置在站控室器材柜；维抢修队配备 1 台，放置在安全工程师办公室。

四、便携式硫化氢检测仪

1. 使用场所

（1）进入油气管道储运生产区域的各类罐、管道、容器等进出受到限制和约束的封闭、半封闭设备、设施及排污池、作业坑及其他可能含有硫化氢气体的封闭、半封闭等受限空间。

（2）其他需判断硫化氢含量超标的场所。

2. 配备要求

输油气站场生产操作岗位配备 2 台，放置在站控室器材柜；维抢修队配备 2 台，放置在安全工程师办公室。

五、可燃及有毒气体报警器

（1）岗位人员应对报警器进行日常检查，发生报警及时检查确认，采取相应措施，发现故障应及时通知相关人员进行处理，并做好记录。

（2）报警器所在基层单位对因故障不能正常投用的报警器，应制订有针对性的控制或替代措施，同时报上级主管部门组织维修或更换。

六、报警器日常检查

（1）岗位人员应对现场安装的固定式可燃气体报警器进行日常巡检，内容包括：

① 检查现场探测器外观整洁，确保螺纹部分紧扣；

71

② 检查现场带显示的探测器，确保显示部位清洁，显示正常；

③ 检查报警控制器状态完好；

④ 对于设备的报警、误报、故障要及时记录，并汇总提交指定维护单位进行分析与检修。

（2）各输油站（或维修队）应配备与介质相符的标准气样，每季度采用标准气样对报警器进行校对，发现问题及时报告或处理；

（3）在雨后、雪后、风沙后应用清水或者毛刷对现场检测器进行清理，不应让水或其他液体进入仪器内部。

七、报警器的维修、停用和报废

（1）报警器的维修由各单位委托有资质的单位承担。

（2）因故需停用的报警器由基层单位填写《报警器停用申请》，经站队主管领导签字确认，上报所属各单位主管部门审批同意后，方可停用。使用单位应根据现场实际情况，制订并落实替代或其他安全控制措施。

（3）报警器维修后应按规定进行检定，并做好记录。

（4）根据报警器的运行情况及探头使用寿命，适当储备常用的备品备件，以便在报警器部件损坏时及时更换。

（5）报警器的报废执行管道公司《固定资产报废与处置管理规定》。

八、可燃气体爆炸极限相关知识

可燃气体与空气（或氧气）必须在一定的浓度范围内均匀混合，形成预混气，遇着火源才会发生爆炸，这个浓度范围称为爆炸极限，或爆炸浓度极限。例如甲烷与空气混合的爆炸极限为 5%～15%。可燃性混合物能够发生爆炸的最低浓度和最高浓度，分别称为爆炸下限和爆炸上限，这两者有时亦称为着火下限和着火上限。在低于爆炸下限时不爆炸也不着火；在高于爆炸上限时不会爆炸，但能燃烧。这是由于前者的可燃物浓度不够，过量空气的冷却作用，阻止了火焰的蔓延；而后者则是空气不足，导致火焰不能蔓延的缘故。

可燃气体的爆炸极限范围越宽、爆炸下限越低和爆炸上限越高时，其爆炸危险性越大。这是因为爆炸极限越宽则出现爆炸条件的机会就多；爆炸下限越低则可燃气体稍有泄漏就会形成爆炸条件；爆炸上限越高则有少量空气渗入容器，就能与容器内的可燃气体混合形成爆炸条件。可燃性混合物的浓度高于爆炸上限时，虽然不会着火和爆炸，但当它从容器或管道里逸出，重新接触空气时却能燃烧，仍有发生着火的危险。

第十章　施工安全管理

第一节　施 工 准 备

一、相关术语

1. 非常规作业

非常规作业是指临时性的、未形成作业指导书的作业活动。

2. 受限空间

受限空间是指一切通风不良、容易造成有毒有害气体积聚和缺氧的设备、设施和场所。如生产区域内的炉、塔、罐、仓、槽车、管道、烟道、隧道、下水道、沟、坑、井、池、涵洞、污水处理设施等封闭、半封闭的设施及场所。

3. 临时用电

临时用电是指在施工、生产、检维修等作业过程中临时性(不超过 6 个月)使用 380V 或 380V 以下的低压电力系统的作业。

4. 高处作业

高处作业是指任何可能导致人员坠落 2m 及以上距离的作业。

5. 挖掘作业

挖掘作业是指在生产、作业区域使用人工或推土机、挖掘机等施工机械,通过移除泥土形成沟、槽、坑或凹地的挖土、打桩、地锚入土作业;或建筑物拆除以及在墙壁开槽打眼,并因此造成某些部分失去支撑的作业。

6. 承包商

承包方是指主要包括(但不限于):从事设备设施更新改造、安装维修、起重吊装、建筑施工(包括装修)、道施工等作业的承包方。

二、审查、核实施工条件

在工程项目正式实施前,输油气站安全工程师组织相关方,核实施工作业现场准备情况,施工人员资质是否齐全、合法有效,是否满足开工条件,开工手续是否齐全。只有开工条件允许,方可进入现场开始施工。

维抢修队安全工程师向输油气站安全工程师提供相关的资料,配合审查、核实施工条件。

三、开展作业安全分析

1. 作业安全分析范围

安全工程师在施工作业前组织成立作业安全分析小组，组织本单位员工开展作业安全分析工作，针对辨识、评价出的风险制定相应控制措施。

1）作业安全分析范围

作业安全分析应用于下列作业活动：

（1）新的作业。

（2）非常规性（临时）的作业。

（3）承包商作业。

（4）改变现有的作业。

（5）评估现有的作业。

2）组成作业安全分析小组

安全分析小组通常由4~5人组成。作业安全分析小组的组长通常由基层站队主管负责人或其指定人员担任。组长选择熟悉作业安全分析方法的管理、技术、安全、操作人员组成小组。小组成员应了解工作任务及所在区域环境、设备和相关的操作规程。

3）前期准备和现场考察

作业安全分析小组审查工作计划安排，分解工作任务，搜集相关信息，实地考察工作现场，核查以下内容：

（1）以前此项工作任务中出现的健康、安全、环境问题和事故。

（2）工作中是否使用新设备。

（3）工作环境、空间、照明、通风、出口和入口等。

（4）工作任务的关键环节。

（5）作业人员是否有足够的知识、技能。

（6）是否需要作业许可及作业许可的类型。

（7）是否有严重影响本工作安全的交叉作业。

（8）其他。

2. 工作任务初步审查

（1）现场作业人员均可提出需要进行作业安全分析的工作任务。

（2）各作业现场专业技术负责人对工作任务进行初步审查，确定工作任务内容，判断是否需要做作业安全分析，制订作业安全分析计划。

（3）若初步审查判断出的工作任务风险无法接受，则应停止该工作任务，或者重新设定工作任务内容。一般情况下，新工作任务（包括以前没做过作业安全分析的工作任务）在开始前均应进行作业安全分析，如果该工作任务是低风险活动，并由有胜任能力的人员完成，可不做作业安全分析，但应对工作环境进行分析。

（4）以前做过分析或已有操作规程的工作任务可以不再进行作业安全分析，但应判定以前作业安全分析或操作规程是否满足本作业要求，如果存在疑问，应重新进行作业安全分析。

3. 作业安全分析步骤

1）划分作业步骤

针对选定的需要做作业安全分析的某项作业，首先将该项作业的基本步骤列在作业安全分析表格的第一列。工作步骤的区分是根据该作业完成的先后顺序来确定的，工作步骤需要简单说明"做什么"，而不是"如何做"。注意工作步骤不能太详细以至于步骤太多，也不能太简单以至于一些基本的步骤都没有考虑到，通常不超过 7 个步骤。如果某个工作的基本步骤超过 9 步，则需要将该作业分为不同的作业阶段，并分别做不同阶段的作业安全分析。工作安全分析小组成员应该充分讨论这些步骤并达成一致意见。

2）识别危害因素

引导小组成员识别工作任务关键环节的危害因素，并填写《作业安全分析表》。识别危害因素时应充分考虑人员、设备、材料、环境、方法 5 个方面和正常、异常、紧急 3 种状态。

3）风险评价

对存在潜在危害的关键活动或重要步骤进行风险评价。根据判别标准确定初始风险等级和风险是否可接受。

4）制订风险控制措施

作业安全分析小组应针对识别出的每个风险制定控制措施，将风险降低到可接受的范围，将并纳入施工方案。

4. 风险沟通

作业前与施工方及相关方进行有效的沟通，确保：

（1）让涉及此项工作的每个人理解工作任务所涉及的活动细节及相应的风险、控制措施。

（2）参与此项工作的人员进一步识别可能遗漏的危害因素。

（3）如果作业人员意见不一致，异议解决后，达成一致，方可作业。

四、入场前安全教育

1. HSE 培训

施工作业前，承包方应做好员工的 HSE 培训，并向其员工介绍所有潜在的风险和相关的问题。建设单位有权检查培训的效果和培训记录。

2. 入场前安全教育

站内安全管理人员应在承包方入场前进行安全教育，教育的内容应参照"承包方入场前安全教育内容模板"并结合本单位实际进行细化完善。培训合格后给承包方办理完相关手续方能入场施工。

3. 承包方入场前安全教育

"承包方入场前安全教育内容模板"如下。

1）单位情况简介

（1）单位简况、项目简介。

（2）HSE 管理方针、目标、指标。

（3）场地应急疏散通道和设施的位置及使用要求。

（4）培训教育的目的等，注意不能有涉密内容。

2）安全基本常识

（1）原油、成品油、天然气的基本知识，重点是燃爆危险性和防范要求。

（2）各种安全色的含义和用途。

（3）站场所有安全标语和标识的含义和要求。

（4）个人防护用品的穿戴和使用要求，主要有：安全帽、安全眼镜、安全手套、安全鞋、工作服等。

3）入场HSE管理规定

（1）外来人员应遵守进出站登记制度，否则不准进站。

（2）输油气站是一级防火单位，生产区内严禁吸烟，禁止携带有毒有害、易燃易爆物品进入生产区，进站人员应交出火种。

（3）进站应由站内人员陪同或指引，不得私自动用站内设备、设施。在发生紧急情况时，接受站内人员的疏导。

（4）未经可燃气体检测合格，生产区禁止使用非防爆通信器材和摄影、摄像器材。

（5）进入生产区应按规定穿戴好劳动保护用品，禁止穿带有铁钉或铁掌的鞋进入生产区。

（6）禁止酒后进入站场，禁止在站场内嬉戏、追逐和打闹。

（7）车辆进出站场应接受检查和登记。未经许可，车辆不得进入生产区，必须进入的车辆须戴防火帽，并按指定路线减速行驶、在指定位置停放。

（8）未经许可，任何单位和个人不得将物品拿出站；外来施工单位必须严格遵守进站物品登记、出站物品检查的规定。

（9）承包方应规范施工，施工作业区内应根据需要设置醒目的安全警示牌、警戒带；施工过程自觉使用好个人防护用品，保障安全健康；施工结束后，应按要求对有限空间、电气设备等实施锁定管理。

（10）承包方应文明施工，禁止随地吐痰和随地大小便；施工现场必须保持整洁、环保，施工过程中的废料应及时清除，施工现场无杂物和易燃易爆物品。

（11）承包方应严格按照要求排放废水、废气，施工废弃物要集中分类处理，确保垃圾外运车辆有防止垃圾散落的遮盖措施，做到合法、环保处置"三废"。

（12）凡发生各种事故、未遂事故应及时向建设单位现场管理人员报告。

（13）遵守站内其他各项规章制度。

4）许可制度

简介承包施工过程中可能会涉及的各项许可作业的管理要求，明确凡进行承包方许可作业也必须按照规定申请、审批和实施。主要涉及的许可作业包括：临时用电、受限空间、高处作业、挖掘作业、吊装作业等。

5）小测验

对受培训人员进行一个小测验，了解培训效果。同时，可征询受培训人员还有什么问题和建议。

6）入场手续

经培训合格后，向承包方说明办理入场手续需提交的资料或复印件。

五、办理作业许可证

1. 安全措施审查

在收到申请人的作业许可申请后，安全工程师应组织申请人、生产（作业）区域负责人和作业涉及相关方人员，集中对许可证中提出的安全措施、工作方法进行书面审查，并记录审查结论。审查内容包括：

（1）确认作业的详细内容。

（2）确认所有的相关支持文件，包括风险评估、作业计划书或风险管理单、作业区域相关示意图、作业人员资质证书等。

（3）确认安全作业所涉及的其他相关规范遵循情况。

（4）确认作业前、作业后应采取的所有安全措施，包括应急措施。

（5）分析、评估周围环境或相邻工作区域间的相互影响，并确认安全措施。

（6）确认许可证期限及延期次数。

书面审查通过后，协助施工方办理作业许可证及相关的专项作业许可证。其中三级动火作业、进入受限空间作业、挖掘作业、高处作业、吊装作业、管线打开、临时用电作业等都是由站队发起的作业。输油气站安全工程师负责相关作业许可过程中的现场安全监督。维抢修队安全工程师协助队长申请办理相关作业许可证，并负责作业许可过程中的监督监护。

2. 作业许可管理

安全工程师组织站内管理人员及相关工程师对施工项目进行作业许可的书面审查，核查作业许可现场中的各项风险防控措施，负责作业许可证执行过程的现场安全监督。指导施工单位进行风险评估工作。风险评估的内容应包括工作步骤、存在的风险及危害程度、相应的控制措施等。

1）作业许可范围

在所辖区域内进行下列工作均应实行作业许可管理：

（1）非计划性维修工作（未列入日常维修计划的工作）。

（2）由承包商完成的非常规作业。

（3）未形成作业指导书的作业。

（4）偏离安全标准、规则、程序要求的作业。

（5）交叉作业。

（6）生产运行单位在承包商作业区域进行的作业。

下列作业还应办理相应的专项作业许可证：

（1）进入受限空间的作业。

（2）挖掘作业。

（3）高处作业。

（4）移动式吊装作业。

（5）管线打开。

（6）临时用电。

（7）动火作业。

2）风险识别

组织识别各类风险作业过程中存在的风险，落实作业过程中的各项风险防控措施，组织实施相关作业并对执行过程现场进行安全监督。

3）作业前准备

管线打开作业前，作业实施单位应进行风险评估，根据风险评估的结果制定相应控制措施，必要时编制作业计划书或风险管理单。作业计划书或风险管理单应包括下列主要内容：

（1）清理计划，应具体描述关闭的阀门、排空点和上锁点等，必要时应提供示意图。

（2）安全措施，包括管线打开过程中的冷却、充氮措施和个人防护装备的要求。

（3）应急、救援、监护等预备人员的要求和职责。

（4）应急预案。

（5）描述管线打开影响的区域，并控制人员进入。

4）现场监督

施工方在作业过程中，出现异常情况不能保证作业安全时，要求其停止作业，应重新进行风险评估，采取安全措施，必要时启动应急预案。

第二节　施工作业监督检查

一、现场核实

书面审查通过后，生产（作业）区域负责人组织参加书面审查的人员到许可证上所涉及的工作区域实地检查，核实施工作业现场准备情况，是否满足开工条件，开工手续是否齐全。确认各项安全措施的落实情况。只有开工条件允许，方可进入现场开始施工。

现场确认内容包括（但不限于）：

（1）与作业有关的设备、工具、材料等。

（2）现场作业人员资质及能力情况。

（3）系统隔离、置换、吹扫、检测情况。

（4）个人防护装备的配备情况。

（5）安全消防设施的配备，应急措施的落实情况。

（6）培训、沟通情况。

（7）作业计划书或风险管理单中提出的其他安全措施落实情况。

（8）确认安全设施的提供方，并确认安全设施的完好性。

安全工程师熟悉工程项目的 HSE 要求，加强现场的 HSE 管理，每 24h 至少到现场进行一次 HSE 检查，发现问题后反馈给主管部门和施工单位，并督促现场整改。

二、HSE 检查

安全工程师应根据实际情况定期组织相关专业工程师对承包方作业现场的检查，填写《作业现场 HSE 检查清单》。作业过程中的 HSE 检查结果纳入对该承包方的定期 HSE 业绩评估。

三、HSE 会议

安全工程师和承包方应定期召开 HSE 会议，对 HSE 控制措施落实情况和阶段控制重点进行沟通，做好记录。

四、承包方应急管理

对承包方的应急程序、预案要进行审查，必要时进行整改、完善。承包方应熟悉管道公司的应急疏散通道及设施。

五、事故、事件的调查与报告

掌握所有与承包方现场作业有关的工伤、事件和险情，协助主管部门建设单位对事故、事件进行调查。

第三节　动火作业管理

一、相关术语

1. 动火作业

动火作业是指在油气管道、油气输送和储存设备上以及输油气站场等易燃易爆危险区域内进行直接或间接产生明火的施工作业。

2. 置换

采用清水、蒸汽、氮气或其他惰性气体清除并替换动火作业管道、设备内可燃介质的作业。

3. 动火作业分级

动火作业根据动火场所、部位的危险程度分为三级。

一级动火指以下行为：

（1）在油气管道（不包括燃料油、燃料气、放空和排污管道）及其设施上进行管道打开的动火作业。

（2）在输油气站场可产生油、气的封闭空间内对油气管道及其设施的动火作业。

二级动火指以下行为：

（1）在油气管道及其设施上不进行管道打开的动火作业。

（2）在输气站场对动火部位相连的管道和设备进行油气置换，并采取可靠隔离（不包括黄油墙）后进行管道打开的动火作业。

（3）在输油气站场可产生油气的封闭空间可对非油气管道、设施的动火作业。

（4）在燃料油、燃料气、放空和排污管道进行管道打开的动火作业。

（5）对运行管道的密闭开孔作业。

三级动火指除一级和二级动火外，在生产区域的其他动火作业。

二、动火方案的审核

站队安全工程师主要参与对拟开展的三级动火作业进行危害因素辨识与风险评价，并根据辨识与评价的结果组织动火作业单位编制、审核三级动火方案。

三、动火作业的申请

1. 动火作业相关资料内容

站队安全工程师负责向分公司申请办理所在站场二级动火作业许可证提供相关资料；施工单位申请办理三级动火作业许可证时，要求施工单位提供相关资料，协助站长签发动火作业许可证，将动火方案录入公司 HSE 信息系统，相关资料内容如下：

（1）动火作业内容说明。

（2）相关附图，如作业环境示意图、工艺流程示意图、平面布置示意图等。

（3）风险评估（如工作前安全分析）。

（4）完善后的动火方案。

（5）有毒有害气体、粉尘检测记录。

2. 监督

（1）负责全面了解动火区域和部位状况，掌握急救方法，熟悉应急预案。

（2）熟练使用消防器材及其他救护器具。

（3）确认各项安全措施落实到位。

（4）对所有现场施工人员的违章行为，有权制止并批评教育。

（5）在动火作业发生异常情况时，应及时向现场负责人报告。

（6）应佩戴明显的标识，并配备专用安全检测仪器，坚守岗位。

3. 动火作业许可证的期限要求

（1）动火作业许可证签发后，至动火开始执行时间不应超过 2h。

（2）在动火作业中断后，动火作业许可证应重新签发。

（3）动火作业许可证的期限应按动火方案确定的动火作业时间，如果在规定的动火作业时间内没有完成动火作业，应办理动火作业延期，但延期后总的作业期限不宜超过 24h；对不连续的动火作业，则动火作业许可证的期限不应超过一个班次（8h）。

（4）动火作业结束后，动火作业许可证应保存在输油气站，三级动火作业许可证录入公司 HSE 信息系统备案。动火作业许可证原件要保存一年。

四、动火作业施工过程管理[30]

1. 动火作业施工过程安全管理要求

（1）动火作业过程中应严格按照动火方案要求进行作业。

（2）动火施工现场应根据动火级别、应急预案和动火措施的要求，配备相应的消防设施、器材。

（3）在动火作业期间，所有机动车辆进入易燃易爆场所必须配带阻火器。

（4）需动火施工的部位及室内、沟坑内的可燃气体浓度应低于爆炸下限的10%（LEL）。

（5）动火作业人员在动火点的上风作业，应位于避开油气流可能喷射和封堵物射出的方位。特殊情况，应采取围隔作业并控制火花飞溅。

（6）用气焊（割）动火作业时，氧气瓶与乙炔气瓶的间隔不小于5m，且乙炔气瓶严禁卧放，二者与动火作业地点距离不得小于10m，禁止在烈日下曝晒。

2. 动火作业机具要求

（1）动火作业现场的电器设施、工器具应符合防火、防爆要求，临时用电应执行《临时用电安全管理规定》[31]。

（2）采用电焊进行动火施工的储罐、容器及管道等应在焊点附近安装接地线，其接地电阻应小于10Ω。

（3）电焊机等电器设备应有良好的接地装置，并安装漏电保护装置。

3. 输油气管线焊接压力要求

在运行的输油气管道上进行焊接作业，宜提前对所焊管道部位进行壁厚检测。应提前降低管道内介质压力，并满足如下要求：

（1）在带压天然气、成品油管道上进行焊接作业，焊接处管内压力应小于此处管道允许工作压力的0.4倍，且成品油充满管道。

（2）在运行的原油管道上焊接时，焊接处管内压力应小于此段管道允许工作压力的0.5倍，且原油充满管道。

（3）当在运行压力超过（1）或（2）所规定限值（或管道当前壁厚低于原壁厚）的管道上进行焊接时，应按SY/T 6150—2011《钢制管道封堵技术规程》[32]的规定计算确定管道焊接压力，而后进行专项风险评估并制定专项预案后实施。

4. 特殊情况动火作业管理要求

（1）高处动火作业。

高处作业使用的安全带、救生索等防护装备应采用防火阻燃的材料，需要时使用自动锁定连接。

（2）进入受限空间的动火作业。

① 在将受限空间内部物料除净后，应采取蒸汽吹扫（或蒸煮）、氮气置换或用水冲洗等措施，并打开上部、中部和下部人孔，形成空气对流或采用机械强制通风换气。

② 受限空间的气体检测应包括可燃气体浓度、有毒有害气体浓度、氧气浓度等，其可燃介质（包括爆炸性粉尘）含量满足动火要求，氧含量19.5%~23.5%，有毒有害气体含量应符合国家相关标准的规定。

③ 在受限空间动火，动火过程中应定时进行可燃气体浓度检测，但最长不应超过2h。

④ 对于采用氮气或其他惰性气体对可燃气体进行置换后的受限空间和超过1m的作业坑内作业前应进行含氧量检测。

（3）挖掘作业中的动火作业。

① 在埋地管线操作坑内进行动火作业的人员应系阻燃或不燃材料的安全绳。

② 动火作业坑除满足施工作业要求外，应在管道两侧分别有上下通道（同时应满足不在作业坑同一端），通道坡度应小于50°。如对管道进行封堵，封堵作业坑与动火作业坑之间应有不小于1m的间隔墙。

（4）动火作业需要管线打开。

① 对油气管道实施打开作业前应先确认管道内压力降为零并排空设备、管道内介质。

② 对油气管道实施密闭开孔，应确认开孔设备压力等级满足管道设计压力等级要求。

③ 不应采用明火对油气管道进行开孔、切割等打开作业。

④ 管道打开应采用机械或人工冷切割方式。

（5）遇有五级（含五级）以上大风，不应进行动火作业。特殊情况需动火时，应采取围隔措施。

（6）对输油管道实施封堵作业时，应按 SY/T 6150—2011《钢制管道封堵技术规程》[32]的规定执行。

（7）带压不置换动火作业。

① 带压不置换动火作业是特殊危险动火作业，应严格控制。禁止在生产不稳定以及设备、管道等腐蚀情况下进行带压不置换动火；禁止在含硫原料气管道等可能存在中毒危险环境下进行带压不置换动火。

② 确需动火时，应采取可靠的安全措施，制订应急预案。带压不置换动火作业中，由管道内泄漏出的可燃气体遇明火后形成的火焰，如无特殊危险，不宜将其扑灭。

5. 动火作业实施过程组织与监督、监护管理

（1）动火作业前动火区域所属单位应组织相关单位人员召开动火准备会，对动火方案审批意见落实情况进行核实确认。

（2）动火作业前，动火区域所属单位、动火监护、监督和动火施工作业等相关人员应认真按照《动火施工现场检查表》的内容进行检查，并签字确认，经动火现场指挥人员批准后方可动火。

（3）动火作业时，动火作业单位现场负责人应指定专人负责动火现场监护，并在动火方案中予以明确；动火作业过程中，动火监护人应坚守作业现场，动火作业监护人发生变化需经现场指挥批准。

（4）动火作业过程中应对与动火相关联的管道和设备的状况进行实时监控，如压力、温度等。

（5）动火监督。

① 一级动火由公司业务主管部门、安全部门派员进行现场监督或委托分公司监督，所属各单位主管领导和相关专业、安全管理人员进行现场监督。

② 二级动火由所属各单位主管领导和业务主管部门、安全部门派员进行现场监督。

③ 三级动火由站队主管领导和相关专业技术人员、安全管理人员进行现场监督。

④ 动火作业前，组织施工人员辨识危害因素，进行风险评估，采取安全措施，相应措

施的要点和处置程序应张贴在动火现场和指挥场所，并设有明显标识。

⑤ 检查动火作业涉及的所有作业人员的资质等级以及持证情况。

6. 可燃气体检测

（1）动火作业前，应对作业区域或动火点可燃气体浓度进行检测。

（2）对输油气站场的设备及容器动火前，应进行置换、清洗或吹扫等措施后，再进行有毒、有害气体和可燃气体检测，达到许可作业浓度才能进行动火作业。

（3）动火前，气体检测时间距动火时间不宜超过 10min。但最长不应超过 30min。安全工程师填写检测记录，注明检测的时间和检测结果。

（4）如果动火作业中断超过 30min，继续动火前，动火作业人、动火监护人应重新确认安全条件。

7. 动火作业结束后，安全工程师协助站队负责人按动火方案内容对动火现场进行全面检查，指挥清理作业现场，解除相关隔离设施，动火监护人留守现场并确认无任何火源和隐患后，申请人与批准人（或现场指挥）签字关闭《动火作业许可证》。

五、应急处理

动火过程中，应制止现场"三违"行为，当发现或预见到有施工作业风险时，要求施工人员及时停止作业，采取正确措施排险后，再继续动火作业。如遇突发情况，启动应急预案。

第十一章 安全检查

第一节 安全检查表

一、编制原则

安全检查的最有效工具是安全检查表。它是为检查某些系统的安全状况而事先制订的问题清单。检查表是为了能够全面查出不安全因素，又便于操作。

安全检查表的编制应注重于安全检查之用，项目应齐全、具体、明确，突出重点，抓住要害，并规定检查的方法和标准。

二、检查表编制依据

安全检查表的内容应满足 HSE 体系标准的要求，应依据相关法律法规、标准规范、安全管理规章制度、岗位标准作业程序、工艺技术文件以及国内外同行业内发生的典型事故等。

三、安全检查表的编制

搜集企业相关的安全生产规章制度、岗位操作规程、岗位安全操作规程、工艺技术文件等资料。

检查表一般包括检查项目、检查内容、检查依据和备注等。

检查内容的确定：针对每个检查项目进行危害因素识别，列出影响系统的危险因素，对危险性和危害性进行定性、定量分析，确定系统的危险有害因素及其危险危害程度，针对主要危险有害因素及其可能产生的后果提出对策措施，此内容即为检查标准。

检查依据的确定：检查内容中的每个条款所依据的法律法规、标准、规章制度作为该条款的检查依据。

四、检查表的管理

目前公司应所属单位工作手册、管理岗作业指导书中已建立各级的审核检查表，应根据审核检查情况、生产工艺改造、设备更新、引用标准发生改变等情况，及时对检查表进行更新修订。

第二节 监督检查与整改反馈

一、检查内容

安全检查内容主要包括以下几个方面：

（1）QHSE 方针、目标、指标管理方案实施情况。

（2）体系文件和标准规范等执行情况的监控。

（3）对环境因素、职业健康危害因素、安全危害因素的辨识、评价、控制及隐患消项等情况进行的跟踪、验证。

（4）职工健康体检、有毒有害作业场所检测情况，污染物排放情况。

（5）Q/SY GD1091—2015《油气管道安全管理手册》[33]要求的检查内容。

（6）公司当年部署的安全生产工作内容等。

（7）矿区各项安全管理工作的情况。

二、检查形式

安全检查形式分为：定期检查、不定期检查、专业性检查和日常检查。

1. 定期检查

基层站队每月组织一次本站队的全面检查。各站队分专业建立检查表，纳入站队管理岗作业指导书，并结合各级检查发现问题、设备设施变更、管理业务调整等对检查表进行连带变更，作为定期检查的依据。

季节性检查是查找由于季节气候特点可能对安全生产造成危害的不利因素，并加以督促、防范。重点检查内容是：防雷、防静电、防火、防爆、防油罐冒顶、防中毒、防凝管、设备安全防护（电气春检）、防暑降温、防汛、防交通事故、防冻保温、防滑等。

节日前安全检查主要是针对元旦、"五一"节、国庆节以及春节等节日连续放假时间较长，为保障放假期间的安全生产而进行的检查。检查是以节日期间的安全保卫措施、岗位责任制落实情况、节日值班、防火、防爆、安全设施、车辆管理、消防设施以及应急预案等为重点内容。

2. 不定期检查

各单位根据专业、节假日特点和社会媒体报道的（尤其是同行业发生的）恶性事故、案例，组织对特殊作业、特殊设备、输油气生产过程开展不定期检查。

3. 专业性检查

由各专业人员组织，根据生产、特殊设备存在的问题或专业工作安排进行的检查。通过检查，及时发现并消除不安全因素。

4. 日常安全检查

根据生产、施工过程中各岗位、专业的特点，由岗位操作人员、技术管理人员在工作前和工作中对本岗、专业中应注意的事项进行检查。

三、整改反馈

对上级检查发现的问题应按照专业分工对问题项进行原因分析并制订整改计划、措施，并按规定计划、措施对不符合和问题项进行整改。整改措施应包括：整改目标和任务、采取的方法和措施、经费和物资的落实、负责整改的机构和人员、治理的时限和要求、防止整改期间发生事故的安全措施。

汇总整改结果于检查后 15 个工作日内报检查的牵头组织部门，检查的牵头部门组织相关专业或由相关专业部门委托进行验证。对于不能按计划及时解决的问题，被检查单位要编制书面原因说明并制订整改工作计划，上报专业主管部门审核批准后方可实施。站队级检查发现问题要形成问题清单，逐项进行跟踪，直至问题彻底关闭。

第十二章 应急管理

第一节 应急预案的编制

一、事件分类

管道公司突发事件主要分为自然灾害事件、事故灾难事件、公共卫生事件、社会安全事件4种类型。重大自然灾害突发事件有造成公司员工伤害、财产损失等风险，有引发其他衍生、次生灾害的危险。

（1）突发自然灾害事件主要包括洪汛灾害、破坏性地震灾害、地质灾害等。

（2）突发事故灾难事件主要包括站外管道突发事件、站内突发事件、涉外管道突发事件、新建管道突发事件、天然气销售突发事件、突发急性职业中毒事件、突发环境事件等。事故灾难事件有造成油气长输管道、油气站库爆炸、着火和有害气体泄漏的危险；存在引起人员中毒、烧伤、炸伤等危险。

（3）公共卫生事件主要包括重大传染病疫情事件。公共卫生事件有引起重大环境污染、导致员工传染病、群体性不明原因疾病、食物中毒、职业中毒等风险。

（4）社会安全事件主要包括新闻媒体应对事件、群体性突发事件、重大失密泄密事件、网络与信息安全事件、办公区大型活动突发事件、管道防恐事件等。社会安全事件有造成网络系统瘫痪、信息破坏、公司声誉损害和不利社会影响的危险等。

二、环境突发事件分级

依据集团公司《环境突发事件专项应急预案》，将环境突发事件分为一级事件（集团公司级）、二级事件（管道公司级）和三级事件（分公司级）。

1. 一级事件（Ⅰ级）

凡符合下列情形之一的，为Ⅰ级突发事件：

（1）发生10人及以上死亡，或中毒（重伤）50人及以上；

（2）区域生态功能部分丧失或濒危物种生存环境受到污染；

（3）因环境污染使当地经济、社会活动受到较大影响，疏散转移群众1万人以上；

（4）1类和2类放射源丢失、被盗或失控；

（5）因环境污染造成重要河流、胡泊、水库及沿海水域大面积污染，或县级以上城镇水源地取水中断；

（6）发生在环境敏感区的油品泄漏量超过10t，以及在非环境敏感区油品泄漏量超过100t，造成重大污染的事故。

2. 二级事件(Ⅱ级)

凡符合下列情形之一的，为Ⅱ级事件：

(1) 发生3~9人死亡，或中毒(重伤)50人以下；

(2) 因环境污染造成跨地级行政区或跨市界、省界污染事件，使当地经济、社会活动受到影响；

(3) 非法排放、倾倒、处置危险废物3t以上的，使当地经济、社会活动受到影响；

(4) 致使森林或者其他林木死亡50m³以上，或者幼树死亡2500株以上的；

(5) 致使乡镇以上集中式饮用水水源取水中断12h以上；

(6) 3类放射源丢失、被盗或失控；

(7) 发生在环境敏感区的油品泄漏量为1~10t，以及在非环境敏感区油品泄漏量为10~100t，造成较大污染的事故。

3. 三级事件(Ⅲ级)

凡符合下列情形之一的，为Ⅲ级事件：

(1) 发生3人以下死亡；

(2) 因环境污染造成跨县级行政区纠纷，引起一般群众性影响；

(3) 4类/5类放射源丢失、被盗或失控；

(4) 发生在环境敏感区的油品泄漏量为1t以下，以及在非环境敏感区油品泄漏量为10t以下，造成一般污染的事故。

三、职业中毒事件分级

急性职业中毒事件从属于突发公共卫生事件，根据突发公共卫生事件性质、危害程度、涉及范围，参照《国家突发公共卫生事件预案》和《中国石油集团公司突发环境应急预案》，管道公司将突发公共卫生事件划分为特别重大公共卫生事件(Ⅰ级)、重大公共卫生事件(Ⅱ级)和一般公共卫生事件(Ⅲ级)。

1. 特别重大急性职业中毒事件(Ⅰ级)(集团公司级)

符合下列条件的，为特别重大急性职业中毒事件：

一次发生急性职业中毒100人及以上，或造成10人及以上死亡，或造成特别严重的社会影响。

2. 重大急性职业中毒事件(Ⅱ级)(管道公司级)

符合下列条件的，为重大急性职业中毒事件：

一次发生急性职业中毒10人及以上100人以下，或造成10人以下死亡，或造成严重的社会影响。

3. 一般急性职业中毒事件(Ⅲ级)(分公司级)

符合下列条件的，为一般急性职业中毒事件：

一次发生急性职业中毒10人以下，无死亡病例。

四、应急预案的组成

管道公司预案结构体系由管道公司级应急预案、输油气分公司级应急预案和站队级应急预案组成。管道公司级应急预案由管道公司突发事件总体应急预案和公司级专项应急预案组成；输油气分公司级应急预案由分公司突发事件综合应急预案和分公司级现场处置预案组成；站队级应急预案由站(队)突发事件综合应急预案和现场处置预案组成。

站(队)综合应急预案是站(队)应对各类突发事件的总体性文件，站(队)总体应急预案对现场处置预案的构成、编制提出要求及指导。

现场处置预案是针对站(队)重大危险源、关键生产装置、要害部位及场所以及大型公众聚集活动或重要生产经营活动等，可能发生的突发事件或次生事故，编制的处置、响应、救援等具体的工作方案。

五、维护与更新

一般情况下，每三年对预案(包括公司各级应急预案)至少进行一次修订。如有以下原因应及时对应急预案进行修订：

(1) 新的相关法律法规颁布实施或相关法律法规修订实施；

(2) 通过应急预案演练或经突发事件检验，发现应急预案存在缺陷或漏洞；

(3) 应急预案中组织机构发生变化或其他原因；

(4) 重大工程发生变化时；

(5) 国家相关文件、上级单位或公司要求修订时；

(6) 生产工艺和技术发生变化的；

(7) 应急资源发生重大变化的；

(8) 预案中的其他重要信息发生变化的；

(9) 面临的风险或其他重要环境因素发生变化，形成新的重大危险源的。

注：通讯录的变更不列入预案修订范围内，如果通讯录人员名单或通讯方式有变更，需及时更新，每季度至少更新一次。

六、现场处置预案

组织编写环境、职业健康等相关现场处置预案内容并进行培训。参与其他专业现场处置预案内容的编写。

1. 事故特征

1) 危险性分析

根据现场及作业环境可能出现的突发事件类型，对现场进行风险识别。重点分析关键装置、要害部位、重大危险源等突发事件可能性及后果的严重程度，对现场及可以依托的资源的应急处置能力进行分析和评估。

2) 事件及事态描述

简述现场可能发生的事件，分析事态发展、判断事故的危害性。对已发生的事件，组织现场有关人员和专家进行研究分析，根据分析结果和判断，对事态、可能后果及潜在危害等进行描述。

2. 组织机构及职责

1) 应急处置流程图

绘制应急处置流程图，并按照流程中的处置环节对组织机构及岗位人员的工作职能进行分配。

2）应急处置工作职责

参照专项应急预案中组织机构职责及要求，明确现场应急领导小组及具体的人员组成，并按照现场应急工作分工，组成负责综合、抢险、通信、专家、善后、后勤、信息报送及对外信息发布等应急工作的若干工作小组，确定人员的岗位工作职责。

3. 应急处置

1）应急处置程序

（1）应急处置应坚持"早发现、早处置、早控制、早报告"工作方针，始终贯彻"以人为本、安全第一，关爱生命、保护环境"的工作原则，力争达到在第一时间控制现场事态、防止事故扩大的目的。

（2）组织开展现场危害及风险分析，针对可能发生的事故类别及现场情况，明确事故报警、应急信息报送、应急措施启动、应急救援人员引导、事故扩大及同企业应急预案的衔接的程序。

（3）针对可能发生的事故等，从操作措施、工艺流程、现场处置、事故控制、人员救护等方面制订明确的应急处置措施。

2）应急处置要点

针对可能发生的各类事件，从操作措施、工艺流程、现场处置、监测、监控，以及事态控制、紧急疏散与警戒、人员防护与救护、环境保护等方面制定应急处置措施，细化应急处置步骤。

4. 注意事项

根据现场可能发生的突发事件类型及特点，对防护、警戒措施，个人防护器具、抢险救援器材，现场自救和互救，特别警示，环境污染控制等注意事项进行描述。

七、预案备案

安全工程师应将站队突发环境事件应急预案报所在地环境主管部门和有关部门备案。若应急预案有较大的修订，应及时再次备案，备案后，要取得备案登记或相关证明。

第二节　应急演练

一、应急预案的演练要求

（1）基层站队每季度至少组织一次应急预案演练。年初，组织站长及相关工程师制订详细的演练计划，并录入 PIS 系统。

（2）按计划组织站内人员开展环境、职业健康等相关应急演练，并参与其他专业应急演练。

（3）对每次抢修演练要填写《演练记录》并认真地总结分析，根据预案演练及抢修的实际情况及存在问题，及时对预案进行修改和完善。

二、演练方案编制

安全工程师负责组织编制本站队《突发环境事件现场处置预案》《突发职业中毒事件现场处置预案》以及相应的应急演练方案。

输油管道突发环境污染事件应急演练方案应包括以下内容：

1. 演练时间

××年××月××日××时××分。

2. 演练地点

某输油管道 LO34+500m 处。

3. 演练内容

中国石油天然气股份有限公司管道分公司××输油气分公司××站，所辖××管道 K4××河穿越处发生原油泄漏，造成对××河水体污染。针对该处原油泄漏而进行的现场报告、响应、处置、终止的全过程演练。

4. 演练目的

为了检验××站处置突发环境事件的现场处置能力，检验突发环境事件应急预案的实用性和可操作性，提高监测、监视、预警和应急处理能力，全面提升应急抢险工作水平。

5. 编制依据

(1)《中华人民共和国环境保护法》；

(2)《××区突发环境事件应急预案》；

(3)《××区环保局突发环境事件应急预案》；

(4)《××站××年应急演练计划》；

(5)《××站外管道突发事件现场处置预案》。

6. 演练背景设定

假想××年××月××日××时××分，××分公司调度发现××线压力下降，经分析为××线 K4 处发生原油泄漏。经现场确认，泄漏点位于××河穿越附近，泄漏原油流入河水中造成河水污染，有可能对下游河流水质造成严重威胁。在紧急情况下，××站紧急启动《突发环境污染事件应急预案》。

7. 组织机构及职责

(1) 应急演练领导小组。

组长：××(站长)。

副组长：××(主管管道副站长)、××(主管生产副站长)。

职责：

① 组织应急预案的演练；

② 负责预案的启动和关闭。

(2) 抢险组。

组长：主管管道副站长。

成员：抢修人员。

职责：

① 制订抢修方案；

② 实施现场抢修和泄漏原油回收。

(3) 现场警戒组。

组长：××。

成员：输油站安全工程师。

职责：

① 负责划定现场的警戒区并组织警戒，维护现场治安和交通秩序；

② 负责疏散事故区域的无关人员；

③ 负责保障救援运输车辆的畅通；

④ 负责现场抢修并对可燃气体进行监测；

⑤ 对事故现场水体进行监测，为指挥部决策提供科学依据；

⑥ 负责配合医疗部门对伤员的救护；

⑦ 负责演练结束后的环境恢复监督工作。

（4）生产运行组。

组长：××。

成员：输油站运行人员。

职责：负责向站长及相关部门通报生产运行情况。

8. 演练前的准备

（1）确定演练区域划分，并设置标识牌、现场标语设置、参演人员袖标、挂牌。

（2）现场场地平整，车辆机具现场摆放的设定，以及设定现场模拟管道泄漏的准备工作。

9. 演练实施阶段

（1）××时××分，某输油站值班员发现××线压力下降经分析为××线 K4 处发生原油泄漏。立即汇报输油站站长。

（2）××时××分，输油站站长抵达泄漏现场，经现场确认，泄漏点位于××管道××河穿越附近，泄漏原油流入河水中造成河水污染，有可能对下游河流水质造成严重威胁。

（3）××时××分，站长向××分公司调度室汇报，并立即启动《××站外管道突发事件现场处置预案》，并进行人员分工，赶赴现场。××输油气分公司值班调度确定××管道 K4 处发生原油泄漏，立即向经理报告，请示启动《××输油气分公司综合应急预案》，获准后分公司调度向各小组下达启动预案指令。通知相关单位紧急停输。

（4）输油站应急处置人员到达事故现场；安全工程师安排人员开展可燃气体探边检测、现场警戒、环境监测等工作。

（5）分公司或输油站形成抢险处置方案后，做好抢修现场的安全监督。

（6）××时××分，演练完成后，安排人员进行场地恢复。

10. 演练结束

演练结束后，对发现的相关问题进行总结整改。

附件：演练主要设备

演练主要设备根据演练内容确定（表 12-2-1）。

表 12-2-1　演练设备清单示例

序号	名称	单位	数量
1	呼吸器	套	2
2	灭火器	具	4
3	可燃气体检测仪	台	2

续表

序号	名称	单位	数量
4	含氧量测试仪	台	1
5	风向标	个	1
…	…	…	…
20	警戒带	盘	5
21	药箱	个	1

第三节 应急准备与响应

一、术语定义

1. 突发事件

突发事件是指突然发生，造成或者可能造成严重社会危害，需要采取应急处置措施予以应对的自然灾害、事故灾难。

2. 应急响应

在突发事故或事件状况下，为控制或减轻事故或事件的后果而采取的紧急行动。

二、突发环境事件应急响应

1. 突发环境事件应急响应处置原则

各输油气单位及输油气站库制订的应急预案中应包含环境应急处置内容。应制订突发自然灾害，如洪水、泄洪、地震、滑坡等突发事故的应急预案。应急预案中应包含对周围环境、人员健康保护的应急措施，防止员工及周围居民发生中毒事件。

1）突发水环境污染事件的处置原则

采取有效措施尽快切断污染源；迅速了解、收集事发地下游一定范围的地表及地下水文条件、重要保护目标及分布情况；采取拦截、吸收、稀释、分解等有效措施，降低水中污染物浓度。

如油品流入河流，应在泄漏地点以最快的速度围堵油品，控制油品不再流入河流；快速在河道设置围油栏；在适当位置用钢管等构筑过水坝，利用坝面形成较平缓水面，利于收集油品；利用拦油坝、阀门等控制上游水位，尽量使上游来水截住或分流；拦油后在河边设置回流坑，使拦截的油品自动流入，利用自动收油或人工方式收集油品；快速清理河道，及时清理河道两岸和水中的污染物。

2）地下水污染事件的处置原则

调查确定渗漏源；布设地下水监测井取样分析，确定可能影响的范围和可能进一步扩大的范围；建立应急处理系统，控制影响范围；布置应急抽水井，通过水利调控措施，控制影响范围；建立现场含油污水处理系统，使外排水质达标排放。

3）陆上溢油事件的处置原则

采取有效措施，立即切断溢油源；采取围堵等措施控制影响范围；采用机械或人工回收方式，将溢油最大限度回收；包装污染物，并防止二次污染。

2. 河流内油品泄漏环境保护应急响应

1）应急处置流程图

河流内油品泄漏环境保护应急响应流程如图 12-3-1 所示。

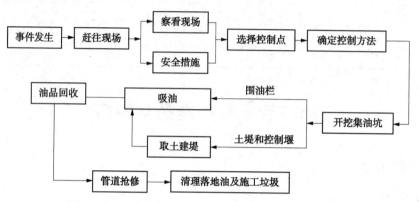

图 12-3-1　河流内油品泄漏环境保护应急响应流程图

2）职责

（1）收集现场信息，核实现场情况，向站队应急领导小组组长及时汇报；

（2）负责现场作业人员的安全、环境管理；

（3）负责抢修现场消防保障管理；

（4）监督执行 QHSE 管理体系；

（5）负责突发事件处理后的环境恢复监督工作。

3）应急处置程序

（1）察看现场风向，并确定逃生线路；

（2）油气浓度检测，确认安全范围，设置防火警戒、隔离措施；

（3）根据现场情况，选择合适的位置进行车辆、设备、物资、材料布置摆放，安全防护用品检查并确保安全可靠。

3. 陆地上油品泄漏环境保护应急响应

1）应急处置流程图

陆上油品泄漏环境保护应急响应流程如图 12-3-2 所示。

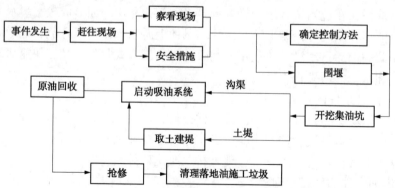

图 12-3-2　陆上油品泄漏环境保护应急响应流程图

2）职责

（1）收集现场信息，核实现场情况，向站队应急领导小组组长及时汇报；

（2）负责现场作业人员的安全、环境管理；

（3）负责抢修现场消防保障管理；

（4）监督执行 QHSE 管理体系；

（5）负责突发事件处理后的环境恢复监督工作。

3）应急处置程序

（1）察看现场风向，并确定逃生线路；

（2）油气浓度检测，确认安全范围，设置防火警戒、隔离措施；

（3）根据现场情况，选择合适的位置进行车辆、设备、物资、材料布置摆放，安全防护用品检查并确保安全可靠。

4. 应急响应程序

（1）接到应急响应通知后，携带安全防护用品，赶赴现场；

（2）协助站长进行现场紧急警戒、组织人员疏散、现场可燃气体，有毒气体的检测；

（3）组织现场安全措施的落实情况。

5. 抢修作业过程监护

在专业抢修队伍在抢险过程中，组织人员严格控制现场作业人员和车辆数量，落实安全措施，对抢修作业过程及人员进行监护，发现问题及时采取措施。

三、突发急性职业中毒事件应急响应

1. 应急处置流程图

突发急性职业中毒事件应急响应流程如图 12-3-3 所示。

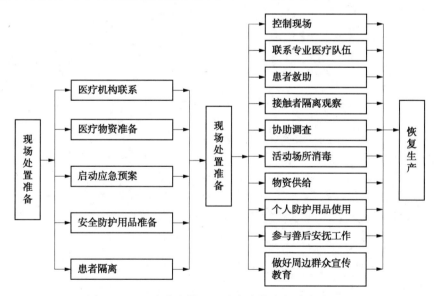

图 12-3-3　突发急性职业中毒事件应急响应流程图

2. 职责

（1）负责将现场概况、其他员工卫生保障应急措施及时向站队应急领导小组组长报告；

95

（2）协助当地卫生行政主管部门共同制订卫生维护及控制措施；

（3）协助相关机构监测突发职业中毒事件现场污染物对周边环境的污染程度，并协助提出落实控制措施；

（4）突发职业中毒事件得到控制后，协助消除现场遗留危险物质对环境产生的污染；

（5）负责与地方安全生产监督部门进行协调。

第十三章　事故事件管理

第一节　事故事件上报

一、相关术语

1. 事故

事故是指造成死亡、疾病、伤害、污染、损坏或其他损失的意外情况。

2. 事件

未造成人员受伤、疾病和财产、环境或第三方损失，但是被识别出具有潜在的可能造成人员受伤、疾病和财产、环境或第三方损失的事件；或造成经济损失较少，人身伤害轻微的事件。

3. 质量事故

在生产和经营活动中，因产品、工程和服务质量问题或不合格造成损失以及在国家、省（市、自治区）或集团公司有关部门组织的监督抽查中发现的不合格事件。

二、事故事件的分类分级

1. 生产安全事故分类

生产安全事故按类别分为：工业生产安全事故、道路交通事故、火灾事故。

（1）工业生产安全事故是指在生产（作业）场所内从事生产经营活动中发生的造成单位员工和单位外人员人身伤亡、急性中毒或者直接经济损失的事故，不包括火灾事故和道路交通事故；

（2）道路交通事故是指各单位车辆在道路上因过错或者意外造成的人身伤亡或者财产损失的事故；

（3）火灾事故是指失去控制并对财物和人身造成损害的燃烧现象。

2. 生产事故分级

根据《中国石油天然气集团公司生产安全事故管理办法》的相关规定，生产安全事故等级见表13-1-1。

表 13-1-1　生产安全事故等级

事故等级	死亡人数	重伤人数	轻伤人数	直接经济损失
特别重大事故	30 人以上	100 人以上	—	1 亿元以上
重大事故	10 人以上 30 人以下	50 人以上 100 以下	—	5000 万元以上 1 亿元以下

续表

事故等级	死亡人数	重伤人数	轻伤人数	直接经济损失
较大事故	3人以上 10人以下	10人以上 50人以下	—	1000万元以上 5000万元以下
一般事故A级	3人以下	3人以上 10人以下	—	100万元以上 1000万元以下
一般事故B级	—	3人以下	3人以上	10万元以上 100万元以下
一般事故C级	—	—	3人以下	1000元以上 10万元以下

注：（1）表中的"以上"包括本数，"以下"不包括本数。

（2）死亡人数、重伤人数、轻伤人数和直接经济损失等四项指标之间为"或"的关系。

3. 环境污染事故分类和分级

1）环境污染事故分类

环境污染事故分为突发水环境污染事故（含水域溢油）、突发有毒气体扩散事故、陆上溢油事故、危险化学品及废弃化学品污染事故和生态环境破坏事故、辐射事故等6类。

2）环境污染事故分级

根据污染与破坏程度，环境污染事故分为：特别重大环境事故、重大环境事故、较大环境事故和一般环境事故。

4. 职业病事故分级

根据中华人民共和国卫生部令第25号《职业病危害事故调查处理办法》，职业病事故分为3级，即特大职业病事故、重大职业病事故和一般职业病事故。

5. 质量事故分级

根据集团公司《质量事故管理规定》，质量事故分为4级，分别是特大质量事故、重大质量事故、较大质量事故和一般质量事故。

6. 事件的分类

事件分类包括：工业生产安全事件、道路交通事件、火灾事件、未遂事件、经济损失事件、职业健康事件、工艺偏差、资产失效、质量事件、环境事件、投诉和其他事件。

（1）工业生产安全事件：在生产场所内从事生产经营活动时发生的造成人员轻伤以下或直接经济损失小于1000元的情况。包括其条件下使用急救箱的事件、医疗处理的事件、影响工作能力和工作时间的事件。

（2）道路交通事件：企业员工驾驶的车辆在道路发生的人员轻伤以下或直接经济损失小于1000元的情况。

（3）火灾事件：在企业生产、办公以及生产辅助场所发生的意外燃烧或燃爆事件，造成人员轻伤以下或直接经济损失小于1000元的情况。

（4）未遂事件：已经实际发生但没有造成人员伤亡、财产损失和环境污染等后果的情况。

（5）经济损失事件：在企业生产活动发生的，没有造成人员伤害的，但导致直接经济损失小于1000元的情况。

(6)职业健康事件：由于职业危害因素导致员工职业健康体检发现结果超出正常标准的情况。

(7)工艺偏差：工艺参数超出规定的控制范围。

(8)资产失效：设备或其部件在设计寿命周期内意外损坏，设备设施整体或局部功能的暂时或永久失效。包括：输气中断、通信中断、异常停电、异常放空、保护系统失效、压缩机停机(保护停机、常规的设备维护不列入资产失效呈报范围内)。

(9)质量事件：原料、产品的轻微不符合和工程质量方面的不符合但不构成质量事故的事件。

(10)环境事件：非计划性地向大气、土壤和水体排放但影响轻微的事件，环境检测超标的事件。

(11)投诉：员工投诉、顾客投诉、相关方在报刊网络上的抱怨事件。

(12)其他事件：上述事件以外的，造成人员轻伤以下或直接经济损失小于1000元的情况，也包括个人劳保用品的非正常损坏。

三、事故上报

所有事故不论大小都应该根据要求及时逐级上报。

1. 事故报告方式

(1)初步报告：事故发生之后应及时以口头报告、事故快报或电子邮件等形式报告(使用事故快报或电子邮件作为初步报告，必须同时以电话的方式确认收报人已经收到事故初步报告)。

(2)事故补报：即事故初步报告后出现了新情况，应及时补充报告。自事故发生之日起30日内，事故造成的伤亡人数发生变化的，应当及时补报。道路交通事故、火灾事故自发生之日起7日内，事故造成的伤亡人数发生变化的，应当及时补报。

(3)事故汇报：事故基本情况调查完成后，以书面形式向上级进行的汇报。事故发生10天之内，事故单位应向上级正式汇报。

2. 事故汇报的基本内容

(1)事故发生单位概况。

(2)事故发生的时间、地点以及事故现场情况。

(3)事故的简要经过。

(4)事故已经造成或者可能造成的伤亡人数(包括下落不明的人数)和初步估计的直接经济损失。

(5)已经采取的措施。

(6)其他应当报告的情况。

3. 事故上报流程

当发生生产安全事故、环境污染事故包括作业场所的承包商事故，事故单位应按表13-1-2中的方式上报。

表 13-1-2　事故初步上报流程及方式

类别		报告对象	报告方式	报告时间	负责人
公司内部事故报告流程		站场负责人	口头	立即	事故当事人/发现人员
		上级调度	口头	立即	站值班人员
		所属单位负责人	口头	立即	站场负责人
			事故快报	尽快	
		所属单位安全科科长	口头	立即	
		质量安全环保处、职能部门	口头	立即	所属单位安全科、职能科室
		主管领导	口头	立即	所属单位负责人
		总经理办公室/质量安全环保处/其他相关职能部门	口头	立即	
			事故快报	尽快	
		公司总经理/主管副总经理	口头	立即	职能部门处长
股份公司和专业公司	一般事故中的 A、B、C 级事故和一般环境事故	股份公司和专业公司安全管理部门	口头	1h 以内	质量安全环保处
	较大及以上事故、较大及以上环境事故	股份公司总裁办和安全管理部门	口头	30min 之内	总经理办公室
	火灾事故(火灾延续超过 1h 或民爆物品丢失)	股份公司总裁办和安全管理部门	口头	立即	总经理办公室
地方相关部门	火灾事故	地方消防部门	口头	立即	所属单位负责人或委托人
	交通事故	地方交通管理部门	口头	立即	所属单位负责人或委托人
	一般事故中的 A 级事故及以上	地方有关监管部门(安监、环保、质监)	口头	立即	所属单位负责人或委托人

四、事件上报

公司鼓励、倡导所有员工积极呈报各类事件。任何主动报告的事件，当事人均不受任何指责和处罚。对于呈报人，公司还将给予表扬和一定的物质奖励。

当发生事件时，发生单位安全工程师应每季度总结事件的有关情况，选取典型事件组织学习。

事件当事人或目击者应及时将事件报告给直接上级或者事件发生地的属地管理负责人，必要时可越级上报，口头报告后，安全工程师填写好事件初始报告，按要求逐级上报，并在 5 个工作日内通过 HSE 信息系统录入相关信息。

事件发生单位应根据事件潜在发生的后果严重程度(包括人员伤情、财产损失、环境影响、声誉影响)及事件再次发生的可能性进行事件的风险评价。收到事件报告的部门主管在 24h 内对事件报告和其风险评价结果进行复核。

事故单位及有关人员应妥善保护事故现场以及相关证据，任何单位和个人不准故意破坏事故现场、毁灭有关证据。

因抢救人员、防止事故扩大以及疏通交通等原因，需要移动事故现场物件时，应做出标记，妥善保存现场重要痕迹、物证。有条件时应绘制现场简图或摄影、摄像进行记录。

第二节 事故事件调查与统计分析

一、术语定义

直接原因：是指直接导致事故发生的不标准行为或不标准状况。

间接原因(根本)：是指导致不标准行为或不标准状况在工作场所中存在的工作因素以及人员因素。

系统原因：通常指的是体系不足、标准不足以及遵守不足等方面的原因。

实际严重性：造成人员伤害、财产损失和环境污染等的事故的实际后果。根据《事故风险级别矩阵》，实际严重性由轻到重分为低度、中度、高度 3 级。

潜在严重性：事故可能引起的人员伤害，财产损失和环境污染等的最坏后果。根据《事故风险级别矩阵》，潜在严重性由轻到重分为低度、中度、高度 3 级。

事故发生概率：事故发生概率用来估量某个特定事故发生的可能性。根据下述方法可以将其分成高、中、低 3 种。如不能确定或意见不一致，则遵从就高不就低的原则。

高(3)：在管道公司范围内至少每 2 年会发生 1 次。

中(2)：在管道公司范围内 2~10 年发生 1 次。

低(1)：在管道公司范围内低于每 10 年 1 次。

关键因素：关键因素是指影响事故的负面事故或非期望情况。当这个因素被取消后，事故将不可能发生或事故后果的严重程度将大幅降低。

二、事故事件调查

对于发生的事故，无论大小均应坚持事故原因未查清不放过；责任人员未受到处理不放过；事故责任人和周围群众没有受到教育不放过；事故制订的切实可行的整改措施未落实不放过的"四不放过"原则进行调查处理。

调查过程：

（1）成立调查组；

（2）进行现场察看和相关人员访谈，了解当时情况；

（3）确定事件的准确位置，使用草图或简图，也可通过照片和摄像；

（4）根据事件现场状况寻找部件证据；

（5）查看文件资料，如工作单、工作程序、工作许可证、培训记录、会议纪要等。

站场发生的低风险事件无须正式调查但安全工程师应建立记录。

三、事故事件纠正和预防措施

事故事件发生单位应当认真吸取事故教训，深入分析原因，制订切实可行的纠正和预防措施，由安全工程师填写《事故事件纠正、预防措施处理单》并实施。

事故事件纠正和预防措施完成并验证通过后，事故事件发生单位应编制总结报告，全面总结事故事件纠正和预防措施的完成情况、效果情况，并及时向本单位员工通报。

四、事故事件的统计分析

安全工程师每季度要对事件进行统计、分类、整理、趋势分析并随时更新。下一季度5日前将事件分析统计报安全科。

对于承包商在对各单位提供服务过程中发生的事故，也应参照规定进行报告、统计。

事故事件统计和趋势分析主要包括以下方面：

事故的统计参数应包括(但不限于)事故概况(包括违章作业、设计与施工质量、自然灾害、第三方破坏、管理漏洞等5方面事故各占的比例)、人员伤亡和经济损失情况及趋势。

事件的统计包括类别的总数、各类事件的趋势统计、重大潜在事件数量的趋势统计、事件发生损失的统计、次标准行为(直接原因)趋势分析、次标准状态(直接原因)趋势分析、人为因素(基本原因)趋势分析、工作因素(基本原因)趋势分析。

统计时还应兼顾历史数据，历史数据一般按照事故分级、季节分布情况进行统计分析，通过分析找出事故事件管理方面的缺陷，不断采取有效措施强化管理，有效预防事故、事件的发生。

第三节　安全经验分享

一、目的

任何事故在事故调查报告和处理意见的审批完成后都应在公司内部通过《事故经验教训分享表》进行通报和分享，供公司内部学习和吸取经验教训以避免相同事故再次发生。

安全经验分享是将总结和收集整理的各种安全工作方法、安全典型经验和生产安全事故、利用各种时机在一定范围内进行讲解，使安全工作方法得到应用，安全典型经验得到推广，事故事件教训得到分享的一种实用有效的安全管理工具。

二、基本要求

安全经验分享要各级领导带头开展，纳入到单位的安全工作规划和个人安全行动计划中。安全经验分享内容应提前准备好，教训要讲清，做法要讲明，切忌临场发挥或走过场。用于安全经验分享材料应具有典型性和针对性，适应分享人的工作特性，并互相交流和借鉴。

安全经验分享要因地制宜，活学活用，在学习中出新，在学习中不断提升安全管理水平。

三、分享类型

安全经验分享的类型，分为事故教训分享和安全做法分享两种类型，前者警示不要违规，后者鼓励遵守规章，二者同等重要，不能只讲教训，不讲经验。

事故事件教训：包括自己的事故事件或遇险经历、别人的事故事件、违章违规现象等。

安全工作经验：包括自己的安全做法、别人的安全做法、其他典型的安全做法等。

安全经验分享的提供人由主持人提前确定，与会或培训人员也可主动申请。提供人可以是主持人、主持人指定的人员或其他人员。

任何事件在事件调查报告审批完成后都应在公司内部通过《事件经验教训分享表》进行分享，供公司内部学习和吸取经验教训以避免相同事件重复发生。

四、分享形式及要求

开展安全经验分享的时机、时间和表现形式如下：

（1）每次会议、培训之前进行；

（2）提前将安全经验分享列入会议议程或培训计划中；

（3）每次开展安全经验分享时间以 5~10min 为宜；

（4）安全经验分享的形式为结合文字、图像或影像资料讲述、口头直接讲述等。

第十四章　HSE 信息系统

第一节　HSE 信息系统简介

中国石油 HSE 信息系统(以下简称"HSE 系统")是基于中国石油健康、安全、环境业务管理的内容,利用计算机、网络、应用软件、数据库等资源为中国石油下属所有企业搭建的一个集中、统一的信息管理平台。

系统门户网站为 http://hse.petrochina/。

系统门户提供了 HSE 体系审核、安全专项检查、全经验分享、注册安全工程师、百万工时统计、运维服务等专题访问界面,可快速实现相关 HSE 专题信息查询。

HSE 信息系统 H、S、E 目前共有 47 个功能模块。其中综合管理 12 个、安全管理 13 个、环境管理 13 个、职业健康管理 9 个。

安全工程师要准确及时地录入各业务模块数据信息,要经常参阅系统登录页面和系统首页的通知信息,以便了解系统应用的相关事项。及时掌握本单位 HSE 管理工作动态。HSE 信息系统中的数据是各项业务检查、内外部审核、体系认证等管理活动的有效信息,与纸质信息具有同等效力。

第二节　系统应用管理

一、保密规则

每个用户只能有一个账号,密码要保密,不能随意将用户账号和密码交给他人使用,要按要求做好相应的登记,更换工作。

涉及公司机密和个人隐私的信息不得随意打印和下载,如确需打印的,要按公司的相关规范做好保密工作。

系统平台登录有两种方式,U-key 用户登录和非 U-key 登录。根据保密要求,U-key 用户需填写《HSE 信息系统用户权限登记表》,由企业级管理员提交运维中心进行 U-key 授权后方可登录。

二、数据录入管理

各站队应按职责根据权限和工作程序录入、检查、修改、完善各项数据,并保证数据的及时性、准确性、完整性。

操作人员每次将现场数据与系统数据比较,在确认数据一致或在允许偏差范围内后,保存上报,并对上报数据负责。

安全工程师应熟练掌握 HSE 信息系统的使用，充分利用 HSE 信息系统，为本站队安全环保管理工作提供业务支持。

安全工程师要准确及时地录入数据信息，定期生成各级 HSE 业务报表。并要经常参阅系统登录页面和系统首页的通知信息，以便了解系统应用的相关事项。及时掌握本单位 HSE 管理工作动态。上级业务主管部门要督促和检查下级单位的系统使用情况，审核新增数据、信息的准确性和及时性。

日常工作信息，如安全环保培训、宣传信息、监督检查结果、安全评价、隐患识别、危险作业许可信息、环保健康监测数据等，应在工作完成 5 个工作日内录入；基础类信息，如人员和设备，应在变更后的 10 个工作日内完成录入；统一要求的统计报表，如百万工时报表应在所要求的截止日期内完成。

HSE 各业务模块具体操作指南见系统门户网站【新功能介绍】和【视频教程】。

三、系统应用考核

HSE 信息系统使用情况纳入绩效考核。应用情况将作为评比年度安全环保先进单位的重要内容。具体考核内容有：

（1）按照具体要求及时提交报表；

（2）在规定期限内完成相关数据录入；

（3）各单位每月上传数据信息最低不少于 10 条；

（4）遵守保密规定。

安全工程师要关注系统门户【考核通报及重要文件】的考核结果通报和重要运维通知，按照《HSE 信息应用管理规定》（GDGS/ZY 65. 03-04—2012）考核细则要求，及时组织本站队有关人员根据业务分工填报危害因素、事故隐患、重大危险源、百万工时、未遂事件、交通车辆、应急管理、职业卫生档案等有关日常业务数据。

四、基层百万工时数据填报

1. 相关术语

百万工时安全统计：是指所属单位在生产经营活动中，对规定的时段内发生的事故、事件用每百万工时进行统计分析的方法。

员工：由企业及下属单位聘用，并由其支付薪酬的人员。与企业或下属单位签订短期服务聘用合同的人员，如果由企业及下属单位直接支付报酬，也按员工考虑。即由企业及下属单位直接支付薪酬的人员都按员工考虑，由劳务公司或其他机构支付薪酬，为中国石油提供服务的人员按承包商员工考虑。

总工时：在规定时间段内（如一年或一月），本企业员工、承包商（分包商）工作时间总和，包括加班工作时间，不包括休假和离职等时间。

死亡事故：是指因各类事故造成的人员死亡事件。包括员工、承包商和因企事业单位事故死亡的企业外人员（第三方）的死亡事故。

损失工作日事故：是指没有造成人员死亡，但受到事故伤害的人在一定时间内（大于 24 h）不适合承担任何工作的职业伤害，包括重伤、轻伤、中毒等。损失工作日事故起数一般以损失工作日事故人数统计。

损失工作日数：是指在报告期内因发生损失工作日事故所损失的工作日数总和。

损工伤害数：是指事故死亡人数与损失工作日事故数的总和。

工作受限事故：是指没有造成人员死亡和损失工作日的后果，但使某人在一定时间内（大于 24 h）不适合全部完成其平时的正常工作，只能从事本岗位部分工作的职业伤害。工作受限事故起数一般以工作受限事故受伤人数统计。

工作受限日数：是指在报告期内因发生工作受限事故影响的工作日总和。

医疗处置事故：是指尚未达到损失工作日或工作受限伤害的程度，但伤员需要专业医护人员进行治疗的职业伤害。医疗处置事故起数一般以需医疗处理的员工人数统计。

急救包扎事件：是指受到轻微伤害，伤员仅需要现场一般性急救包扎处理，又回到原工作岗位继续工作的情况。急救包扎事件起数一般以需要进行急救包扎处理的员工人数统计。

无伤亡事故：是指在工作场所发生的，造成企业直接经济损失或环境污染，但未造成人员伤亡的事故。

未遂事件：是指未造成人员受伤、疾病和财产、环境或第三方损失，但是被识别出具有潜在的可能造成人员受伤、疾病和财产、环境或第三方损失的事件；或造成经济损失较少，人身伤害轻微的事件。

2. 百万工时填报

百万工时安全统计内容包括：员工总数、工时数、死亡事故起数、死亡人数、损失工作日人数、工作受限人数、医疗处理人数、急救包扎事件人数、损失工作日、无伤亡事故起数、未遂事件起数。

安全工程师承担百万工时安全统计工作，并应当经过培训。

基层站队百万工时实行按周上报。每月从 1 日起按周填写数据。若 1 日为公休、节假日，则从正常工作日开始填写；至月末不足一周的，可同上周一起填写和报送数据。

统计工时应当反映每人每天实际工时数。按照本站队员工作业类型，总工时为每人每天工时数的总和。

安全工程师应当保证统计数据的真实性和准确性，伪造、篡改统计数据的按有关规定处理。

第三部分　安全工程师资质认证试题集

初级资质理论认证

初级资质理论认证要素细目表

行为领域	代码	认证范围	编号	认证要点
基础知识 A	A	安全生产基本知识	01	安全生产基本概念
			02	安全生产管理人员职责
	B	事故及其预防控制	01	事故与事故隐患概念
			02	事故致因
			03	事故及预防控制
专业知识 B	A	风险隐患管理	01	危害因素识别与评价
			02	隐患排查与监督管理
			03	重大危险源监督与管理
			04	危险化学品监督与管理
	B	安全目视化管理	01	站场安全标识管理
			02	站场应急救生设施管理
	C	安全环保教育	01	主题活动
			02	安全教育
			03	安全活动
			04	进站安全管理
	D	职业健康管理	01	职业健康体检及监测
			02	员工保健津贴
			03	劳保用品管理
	E	环境保护管理	01	环境监测
			02	污染源管理和排放控制
			03	环保设施运行监督
			04	固体废物管理及处置
			05	绿色站队建设
	F	交通安全管理	01	驾驶员违章行为监督检查
			02	机动车检查及安全教育
			03	出车运行监督管理
	G	消防安全管理	01	消防设备设施及器材管理
			02	站队志愿消防队管理
			03	站队消防设施检测
			04	可燃和有毒气体检测报警器管理

行为领域	代码	认证范围	编号	认证要点
专业知识 B	H	施工安全管理	01	施工准备
			02	施工作业监督检查
			03	动火作业管理
	I	安全检查	01	安全检查与整改反馈
	J	应急管理	01	应急预案的编制
			02	应急演练
			03	应急准备与响应
	K	事故事件管理	01	事故事件上报
			02	事故事件调查与统计分析
			03	安全经验分享
	L	HSE 信息系统	01	系统应用管理

初级资质理论认证试题

一、单项选择题(每题 4 个选项，将正确的选项号填入括号内)

第一部分　基础知识

安全生产基本知识部分

1. AA01 安全是在人类生产过程中，将系统的运行状态对人类的生命、财产、环境可能产生的损害控制在人类能接受水平以下的(　　)。

A. 状态　　　　　　B. 心态　　　　　　C. 条件　　　　　　D. 损失

2. AA01 安全是在人类生产过程中，将系统的运行状态对人类的生命、财产、环境可能产生的损害控制在人类能(　　)水平以下的状态。

A. 承受　　　　　　B. 接受　　　　　　C. 控制　　　　　　D. 允许

3. AA01 风险 R 可以表述为危害事件发生的概率 F 与其后果严重程度 C 的函数(　　)。

A. $R = FC$　　　　B. $R = f(FC)$　　　C. $R = F + C$　　　D. $R = F/C$

4. AA01 一个系统总是在"安全—危险—安全"这个规律下(　　)上升和发展。

A. 直线式　　　　　B. 螺旋式　　　　　C. 旋转式　　　　　D. 跳跃式

5. AA01 安全生产是指在生产过程中消除或控制(　　)，保障人身安全健康的、设备完好无损及生产顺利进行。

A. 风险

B. 危害及有害因素

C. 有害因素

D. 不安全行为

6. AA01(　　)指：为了保护劳动者在劳动、生产过程中的安全、健康，在改善劳动条件、预防工伤事故及职业病，实现劳逸结合和女职工、未成年工的特殊保护等方面所采取的各种组织措施和技术措施的总称。

A. 安全生产　　　　B. 劳动保护　　　　C. 劳动卫生　　　　D. 职业健康

7. AA01 "安全第一，预防为主，综合治理"是安全生产的(　　)。

A. 基本政策　　　　B. 基本思想　　　　C. 基本准则　　　　D. 基本方针

8. AA01 下列(　　)不属于直线管理内容。

A. 谁牵头谁负责　　　　　　　　B. 谁主管谁负责

C. 谁组织谁负责　　　　　　　　D. 谁执行谁负责

9. AA01HSE 管理原则主要是针对(　　)提出的管理基本行为准则。

A. 安全生产管理人员　　　　　　B. 全体员工

C. 岗位员工　　　　　　　　　　D. 各级管理者

10. AA01 员工违反《反违章禁令》，给予(　　)处分。

A. 记过　　　　　　B. 行政　　　　　　C. 批评　　　　　　D. 刑事

事故及其预防控制部分

11. AB01 事故是人们在实现其目的的行动过程中，突然发生的、迫使其目的的行动暂时或永远终止的一种(　　)。

　　A. 事件　　　　　　　　　　　B. 有意或意外事件

　　C. 危害事件　　　　　　　　　D. 意外事件

12. AB01 事故发生的时间、地点、事故后果的严重程度是偶然的，这体现了事故的(　　)特点。

　　A. 低概率　　　　B. 因果性　　　　C. 随机性　　　　D. 危害性

13. AB01 掌握事故(　　)特性，对预防类似的事故重复发生将起到积极作用。

　　A. 因果性　　　　B. 随机性　　　　C. 潜伏性　　　　D. 可预防性

14. AB01 事故发生之前，系统所处的这种状态是不稳定的，存在着事故隐患，具有危险性。如果这时有一触发因素出现，就会导致事故的发生。这体现了事故(　　)。

　　A. 因果性　　　　B. 随机性　　　　C. 潜伏性　　　　D. 可预防性

15. AB01 任何事故，只要采取正确的预防措施，事故是可以防止的。这体现了事故的(　　)。

　　A. 因果性　　　　B. 随机性　　　　C. 潜伏性　　　　D. 可预防性

16. AB01 事故隐患，泛指生产系统中可能导致事故发生的(　　)。

　　A. 人的不安全行为　　　　　　B. 物的不安全状态

　　C. 管理上的缺陷　　　　　　　D. 以上都是

17. AB01 生产活动中的危险(危害)依靠人自身的本能不易感知，要靠知识、经验和检测手段，有的还要借助专家系统才能发现。体现了事故隐患的(　　)特点。

　　A. 隐蔽性　　　　B. 潜在性　　　　C. 危险性　　　　D. 动态性

18. AB02 海因里希认为：伤亡事故的发生是一系列原因事件顺序发生(　　)的结果。

　　A. 因果　　　　　B. 连锁　　　　　C. 直接　　　　　D. 连续

19. AB01 根据骨牌理论提出的防止事故措施是：从骨牌顺序中移走某一个中间骨牌，则(　　)被破坏，事故过程即被中止，达到控制事故的目的。

　　A. 因果　　　　　B. 连锁　　　　　C. 顺序　　　　　D. 连续

20. AB01 修改后的事故连锁理论是(　　)。

　　A. 人体本身→按人的意志进行动作→潜在的危险→发生事故→伤害

　　B. 人体本身→不安全行为和不安全状态→意外事件→伤亡

　　C. 社会环境和管理欠缺、人为过失→不安全行为和不安全状态→意外事件→伤亡

　　D. 社会环境和管理欠缺、人为过失→潜在的危险→发生事故→伤害

21. AB02"安全金字塔"法则中死亡重伤害事故、轻伤害事故、无伤害虚惊事件的比例是(　　)。

　　A. 1∶29∶300　　B. 1∶30∶300　　C. 1∶30∶330　　D. 1∶29∶330

22. AB02 每一种事故发生都取决于一些基本因素——4个要素，即4M要素，指的是(　　)。

　　A. 人、机、物、法　　　　　　B. 人、物、环境、管理

　　C. 人、物、法、环境　　　　　D. 人、物、法、管理

23. AB02 安全技能培训属于下列哪些(　　)防止事故发生原则。

　　A. 消除人的不安全行为　　　　B. 消除物的不安全状态

C. 改善作业环境　　　　　　　　　　　D. 加强安全管理

24. AB02 体系审核属于下列哪些(　　　)防止事故发生原则。

A. 消除人的不安全行为　　　　　　　B. 消除物的不安全状态

C. 改善作业环境　　　　　　　　　　　D. 加强安全管理

第二部分　专业知识

风险隐患管理部分

25. BA01 危害因素识别范围(　　　)。

A. 新改扩建项目过程　　　　　　　　B. 工作场所及场所内设施

C. 生产岗位人员的活动　　　　　　　D. 以上均是

26. BA01 危害因素识别的主要方法(　　　)。

A. 安全检查表　　　　　　　　　　　B. 作业安全分析

C. 事故事件学习　　　　　　　　　　D. 以上均是

27. BA01 风险控制的方式(　　　)。

A. 投资控制　　　　　　　　　　　　B. 运行控制

C. 应急准备和响应控制　　　　　　　D. 以上均是

28. BA01 为保持危害因素识别、风险评价的有效性，站队每年(　　　)对危害因素进行重新评审，如有变化予以更新。

A. 1—2 月　　　　B. 4—5 月　　　　C. 8—9 月　　　　D. 11—12 月

29. BA02 隐患排查的主要途径是(　　　)。

A. 危害因素识别评价　　　　　　　　B. HSE 检查

C. 事故分析　　　　　　　　　　　　D. 以上均是

30. BA03 站队应制订危险化学品重大危险源事故应急预案演练计划。对重大危险源专项应急预案，每年至少进行(　　　)演练。

A. 1 次　　　　　B. 2 次　　　　　C. 3 次　　　　　D. 4 次

31. BA03 危险化学品重大危险源是指长期地或临时地生产、加工、搬运、使用或储存危险物品，且危险物品的数量等于或超过(　　　)的单元。

A. 临界量　　　　B. 20t　　　　　C. 50t　　　　　D. 上限

安全目视化管理部分

32. BB01 红色在安全色中代表的含义是(　　　)。

A. 禁止　　　　B. 指令　　　　C. 警告　　　　D. 提示

33. BB01 蓝色在安全色中代表的含义是(　　　)。

A. 禁止　　　　B. 警告　　　　C. 指令　　　　D. 提示

34. BB01 黄色在安全色中代表的含义是(　　　)。

A. 禁止　　　　B. 警告　　　　C. 指令　　　　D. 提示

35. BB01 绿色在安全色中代表的含义是(　　　)。

A. 禁止　　　　B. 警告　　　　C. 指令　　　　D. 提示

36. BB01 储油罐区应设置的安全标识包括( )。

A. 禁止违章启动、当心机械伤人、当心自动启动、佩戴护耳器

B. 当心爆炸、当心自动启动、当心烫伤

C. 消除静电、当心爆炸、当心泄漏、当心跌落、使用防爆工具

D. 检修时上锁、禁止乱动阀门、当心泄漏

37. BB01 输油泵房应设置的安全标识包括( )。

A. 禁止违章启动、禁止触摸、当心触电、检修时上锁

B. 当心爆炸、当心自动启动、当心烫伤

C. 禁止违章启动、当心机械伤人、当心自动启动、佩戴护耳器

D. 消除静电、当心爆炸、当心泄漏、当心跌落、使用防爆工具

38. BB02 应急广播系统室外扬声器应设置( )处。

A. 1~2   B. 2~3   C. 1   D. 2

39. BB02 输油气站和维抢修队应分别配备急救药箱( )个和应急担架( )副。

A. 1, 1   B. 1, 2   C. 2, 1   D. 2, 2

40. BB02 风向标应设置防雷接地装置，接地引下线的冲击接地电阻不应大于( )。

A. 1Ω   B. 4Ω   C. 10Ω   D. 30Ω

41. BB02 输油气站应配置手摇式警报装置，手摇式警报装置应设置在( )站控室附近。

A. 门卫室   B. 办公楼   C. 库房   D. 站控室

42. BB02 生产区的应急广播系统扬声器，其播放范围内最远的播放声级，应高于背景噪声( )，并据此确定扬声器的功率。

A. 10dB   B. 15dB   C. 20dB   D. 30dB

安全环保教育部分

43. BC01 全国定于每年( )都开展安全生产月活动。

A. 5 月   B. 6 月   C. 7 月   D. 9 月

44. BC01 全国定于每年( )都开展消防日活动。

A. 9 月 11 日   B. 11 月 10 日   C. 11 月 9 日   D. 11 月 1 日

45. BC01 世界环境日为每年的( )开展。

A. 6 月 1 日   B. 6 月 5 日   C. 6 月 15 日   D. 6 月 25 日

46. BC02 各单位安全人员、基层站队负责人及基层站队班组长 HSE 培训教育每年不得少于( )学时。

A. 12   B. 20   C. 24   D. 72

47. BC02 新员工的三级安全教育是指( )、车间教育和班组教育。

A. 启蒙教育   B. 单位教育   C. 礼仪教育   D. 技能教育

48. BC02 新入单位员工必须经单位级、站队级、班组级三级安全教育，其时间不少于( )，每年接受再培训时间不得少于( )。新员工要经考试合格后，方可进入生产岗位工作和学习。

A. 36h, 24h   B. 72h, 20h   C. 72h, 12h   D. 24h, 12h

49. BC02 站队级安全教育时间不少于(　　)学时。由站队负责人负责,安全工程师负责组织实施。

　　A. 12　　　　　　　B. 20　　　　　　　C. 24　　　　　　D . 72

50. BC02 员工脱离操作岗位(休产假、病假、外出学习等)半年以上再上岗时,安全工程师必须重新进行(　　)级安全教育。

　　A. 班组　　　　　　B. 站队　　　　　C. 公司,站队　　　　D. 站队,班组

51. BC02 不属于特种作业人员的是(　　)。

　　A. 司索工　　　　　B. 维修工　　　　C. 电工　　　　　　D. 水质化验工

52. BC02 取得《特种作业人员操作证》者,每(　　)年进行 1 次复审。

　　A. 1　　　　　　　B. 2　　　　　　　C. 3　　　　　　　D. 4

53. BC02 特种作业人员连续从事本工种 10 年以上的,经用人单位进行知识更新教育后,每(　　)年复审 1 次

　　A. 1　　　　　　　B. 2　　　　　　　C. 3　　　　　　　D. 4

54. BC03 站队每月至少一次、班组必须坚持(　　)一次安全活动,也可根据活动内容将站队与班组安全活动合并开展,每次活动时间不应少于 1 h。

　　A. 每月　　　　　B. 每半月　　　　　C. 每周　　　　　　D. 每天

55. BC03 所有站队长(　　)至少参加一次班组安全活动。

　　A. 每月　　　　　B. 每季　　　　　C. 每半年　　　　　　D. 每年

56. BC03 站队安全工程师(　　)初制订站队、班组安全活动计划,确定活动主题,做到活动主题明确,方式灵活,内容丰富。

　　A. 每月　　　　　B. 每半月　　　　　C. 每周　　　　　　D. 每季

57. BC04 检查和参观人员进站检查、参观活动必须由站内人员陪同,超过 5 人时陪同人员不得少于(　　)人,需要分散进行参观或检查指导时要分设陪同人员,防止外来人员离队或进行危险活动。

　　A. 1　　　　　　　B. 2　　　　　　　C. 3　　　　　　　D. 4

58. BC04 局级领导的参观、检查站场时,照相、摄像人员不应多于(　　)人。

　　A. 3　　　　　　　B. 2　　　　　　　C. 4　　　　　　　D. 5

59. BC04 因工程施工、设备检修、事故调查等生产需要,在生产现场采集影、像资料时,照相、摄像人员不应多于(　　)人。

　　A. 1　　　　　　　B. 2　　　　　　　C. 3　　　　　　　D. 4

60. BC04 外来人员进站前应进行安全教育,填写(　　),并规定的作业范围内活动登记,人员出站时应与进站登记内容进行核对。

　　A. 外来人员进出站登记表　　　　　　B. 作业现场安全检查清单
　　C. 作业安全分析表　　　　　　　　　D. 安全危害因素排查表

职业健康管理部分

61. BD01 短时间接触容许浓度(PC-STEL)指一个工作日内,任何一次接触不得超过的(　　)时间加权平均的容许接触水平。

　　A. 8min　　　　　　B. 15min　　　　　C. 10min　　　　　　D. 12min

62. BD01 急性中毒是指职工在短时间内摄入大量有毒物质，发病急，病情变化快，致使（　　）丧失工作能力或死亡的事件。

    A. 暂时或永久　　　　B. 暂时　　　　　　C. 永久　　　　　　D. 偶尔

63. BD01 职业病是指企业、事业单位和个体经济组织等用人单位的（　　）在职业活动中，因接触粉尘、放射性物质和其他有毒、有害因素而引起的疾病。

    A. 劳动者　　　　　　B. 生产者　　　　　　C. 创造者　　　　　　D. 使用者

64. BD01（　　）是职业性有害因素的接触限制量值，指劳动者在职业活动过程中长期反复接触对机体不引起急性或慢性有害健康影响的容许接触水平。

    A. 职业禁忌证　　　　　　　　　　　B. 短时间接触容许浓度
    C. 职业接触限值　　　　　　　　　　D. 职业健康

65. BD01（　　）是指对将要从事有害作业人员（包括转岗员工），应在其从业前针对可能接触的有害因素进行健康检查。

    A. 离岗前健康检查　　　　　　　　　B. 定期健康检查
    C. 非职业健康检查　　　　　　　　　D. 就业前健康检查

66. BD01（　　）是指工作场所发生危害员工健康的紧急情况时，要立即组织同一工作场所的员工进行健康检查。

    A. 应急健康检查　　　　　　　　　　B. 定期健康检查
    C. 非职业健康检查　　　　　　　　　D. 就业前健康检查

67. BD01 健康检查结果及处理意见，应及时反馈到（　　）。

    A. 单位　　　　　　B. 小组　　　　　　C. 员工本人　　　　　　D. 工会

68. BD01 职业性健康监护档案由各单位 HSE 管理部门统一归档，填报 HSE 信息系统，保存（　　）。

    A. 10 年　　　　　　B. 20 年　　　　　　C. 5 年　　　　　　D. 永久

69. BD02 根据接触有毒物质和对人体危害程度的不同，可享受丙类保健津贴的人员（　　）。

    A. 喷漆操作人员　　　　　　　　　　B. 油漆操作人员
    C. 除锈操作人员　　　　　　　　　　D. 油罐清洗作业人员

70. BD02 保健津贴由各基层单位、部门按（　　）申报，各级安全部门、人事部门审查，财务部门发放。

    A. 日　　　　　　　　B. 月　　　　　　　　C. 季　　　　　　　　D. 年

71. BD03 员工因病、脱产学习等脱离工作岗位（　　）以上，当期不再发放随护用品。

    A. 半年　　　　　　B. 3 个月　　　　　　C. 9 个月　　　　　　D. 一年

72. BD03 安全科（　　）组织对劳动防护用品进行识别、评估，确认需要以旧换新的劳动防护用品；并填写《劳动防护用品识别表》。

    A. 每月　　　　　　B. 每季　　　　　　C. 半年　　　　　　D. 每年

环境保护管理部分

73. BE01 建设项目环境保护"三同时"是指建设项目的环境保护措施（包括防治污染和其他公害的设施及防止生态破坏的设施）必须与主体工程同时设计、同时施工、同时投入（　　）。

A. 报废　　　　　B. 生产　　　　　C. 使用　　　　　D. 拆解

74. BE01 每个员工都有保护环境的义务，并有权对污染和破坏环境的单位和个人进行批评和(　　)。

A. 检举　　　　　B. 投诉　　　　　C. 奖励　　　　　D. 表扬

75. BE01 排污费用一次性缴纳(　　)以下由所属单位安全、财务部门审批。

A. 2 万元　　　　B. 3 万元　　　　C. 4 万元　　　　D. 5 万元

76. BE02 站区办公室室内噪声不应大于(　　)。

A. 35dB　　　　B. 60dB　　　　C. 45dB　　　　D. 55dB

77. BE02 生产车间(运行控制)值班室噪声不应大于(　　)。

A. 35dB　　　　B. 65dB　　　　C. 45dB　　　　D. 55dB

78. BE02 输油气站场废水排放标准中，一级排放标准中硫化物含量为(　　)。

A. 2.0mg/L　　　B. 1.5mg/L　　　C. 1.0mg/L　　　D. 0.5mg/L

79. BE02 输油气站库工作地点噪声卫生限值标准中，每个工作日接触 8h 的限值为(　　)。

A. 85dB　　　　B. 90dB　　　　C. 95dB　　　　D. 100dB

80. BE02 输油气站库厂界环境噪声排放限值标准中，厂界外环境功能区类别为 0，夜间噪声排放标准为(　　)。

A. 40dB　　　　B. 45dB　　　　C. 50dB　　　　D. 55dB

交通安全管理部分

81. BF01 站队(　　)通过 GPS 系统对车辆运行情况进行日常检查和考核，对检测到的违章行为进行相应处罚并填报处理单。

A. 每天　　　　B. 每周　　　　C. 半月　　　　D. 一月

82. BF01 管道公司 GPS 系统对大型黄牌照车辆的限速报警值是(　　)，对小型蓝牌照车辆的限速报警值是(　　)。

A. 60km/h，80km/h　　　　　　B. 80km/h，100km/h
C. 80km/h，120km/h　　　　　　D. 100km/h，120km/h

83. BF01 管道公司规定，连续驾驶车辆时间超过(　　)、休息时间过(　　)不足的视为疲劳驾车行为。

A. 2h，10min　　B. 2h，20min　　C. 4h，10min　　D. 4h，20min

84. BF01 GPS 车载终端损坏或发生故障，超过(　　)日不及时向相关管理人员报告的，属违规行为。

A. 3　　　　　　B. 5　　　　　　C. 10　　　　　　D. 15

85. BF01 长期租用超过(　　)个月的车辆，使用单位应限期要求车辆产权单位安装公司统一型号的车载终端，否则停止继续租用。

A. 3　　　　　　B. 6　　　　　　C. 9　　　　　　D. 12

86. BF01 下列哪种车不用安装公司 GPS 车载终端(　　)。

A. 通勤客车　　　B. 商务用车　　　C. 管道巡线车　　　D. 消防车

87. BF02 站队应(　　)对车辆进行一次安全检查，填写车辆安全检查表。

A. 每日　　　　　　B. 每周　　　　　　C. 半月　　　　　　D. 一月

88. BF02 驾驶员每年培训时间不少于(　　)学时，其中单位集中培训不得少于两次，每次培训时间不少于(　　)学时。

A. 24，6　　　　　　B. 24，8　　　　　　C. 48，6　　　　　　D. 48，8

89. BF02 若聘用外部司机驾驶本单位车辆，要对应聘司机驾驶能力进行认真考核，要求应聘司机必须具有驾驶同种车型(　　)年以上的经验，在准驾证和安全教育等方面的管理上同本单位驾驶员一样对待。

A. 1　　　　　　B. 3　　　　　　C. 5　　　　　　D. 10

90. BF02 严禁在场区要道和消防通道上堆积物资设备。交通道路两侧堆放的物资，要离道边 1~2m，堆放要牢固，跨越道路拉设的绳架高度不得低于(　　)。

A. 3m　　　　　　B. 4m　　　　　　C. 5m　　　　　　D. 6m

消防安全管理部分

91. BG01 站队灭火器的检查周期是(　　)。

A. 每周　　　　　　B. 每月　　　　　　C. 半年　　　　　　D. 一年

92. BG01 使用灭火器时，应站在着火点的(　　)。

A. 下风位置　　　　B. 上风位置　　　　C. 侧风位置　　　　D. 任何位置

93. BG01 用灭火器灭火时，灭火器的喷射口应该对准火焰的(　　)。

A. 上部　　　　　　B. 中部　　　　　　C. 根部　　　　　　D. 任何部位

94. BG01 一般情况下，各场所的安全出口不应少于(　　)个，且安全出口应分散布置，并保持安全通道及出口畅通；

A. 1　　　　　　B. 2　　　　　　C. 3　　　　　　D. 4

95. BG01 手提式灭火器宜放置在灭火器箱内或挂钩、托架上，其顶部离地面高度不应大于(　　)，底部离地面高度不宜小于(　　)，灭火器箱不得上锁；

A. 1.00m，0.15m　　B. 1.00m，0.08m　　C. 1.50m，0.15m　　D. 1.50m，0.08m

96. BG01 每个放置点存放灭火器数量不少于2具，不宜多于(　　)具。

A. 4　　　　　　B. 5　　　　　　C. 6　　　　　　D. 8

97. BG01 扑救电气火灾时，应使用的灭火方式是(　　)。

A. 清水　　　　　　　　　　　　　　B. 泡沫灭火器

C. 二氧化碳灭火器　　　　　　　　　D. 以上均可

98. BG04 输油气站生产操作岗位配备(　　)台便携式可燃气体报警器，放置于站控室器材柜。

A. 1　　　　　　B. 2　　　　　　C. 3　　　　　　D. 4

99. BG04 输油气站生产操作岗位配备(　　)台便携式氧含量检测仪，放置于站控室器材柜。

A. 1　　　　　　B. 2　　　　　　C. 3　　　　　　D. 4

100. BG04 输油气站生产操作岗位配备(　　)台便携式硫化氢检测仪，放置于站控室器材柜。

A. 1　　　　　　B. 2　　　　　　C. 3　　　　　　D. 4

施工安全管理部分

101. BH01 承包方是指主要包括(但不限于)：从事设备设施更新改造、安装维修、起重吊装、建筑施工(包括装修)、(　　)等作业的承包方。

A. 管道施工　　　　　　　　　　B. 设备供应商

C. 材料供应商　　　　　　　　　D. 产品售后服务厂商

102. BH01 风险是指(　　)。

A. 单位时间内人员暴露于危险环境中的次数

B. 能引起的后果的严重程度

C. 后果事件发生的概率

D. 某一特定危害事件发生的可能性与后果的组合

103. BH01 在收到申请人的作业许可申请后，需要进行书面审查。必须确认所有的相关支持文件，其中包括(　　)、作业计划书或风险管理单、作业区域相关示意图、作业人员资质证书等。

A. 风险评估　　　　　　　　　　B. 安全措施

C. 确认许可证期限　　　　　　　D. 应急措施

104. BH01 在所辖区域内进行下列哪项工作不应实行作业许可管理(　　)。

A. 由承包商完成的非常规作业　　B. 未形成作业指导书的作业

C. 列入日常维修计划的作业　　　D. 交叉作业

105. BH03 动火作业根据动火场所、部位的危险程度分为(　　)级。

A. 2　　　　　　　B. 3　　　　　　　C. 4　　　　　　　D. 5

106. BH03 下列哪一项行为不属于一级动火(　　)。

A. 在油气管道(不包括燃料油、燃料气、放空和排污管道)进行管道打开的动火作业

B. 在油气设施上进行管道打开的动火作业

C. 在输油气站场可产生油、气的封闭空间内对油气管道及其设施的动火作业

D. 在燃料油、燃料气、放空和排污管道进行管道打开的动火作业

107. BH03 某输气站 2.4m 高的压力变送器根部有砂眼，需对它进行补焊，不需要办理下列哪种专项作业许可？(　　)

A. 动火作业　　　B. 高处作业　　　C. 管线打开作业　　　D. 临时用电作业

108. BH03 以下行为不属于二级动火(　　)。

A. 在油气管道及其设施上不进行管道打开的动火作业

B. 对运行管道的密闭开孔作业

C. 在燃料油、燃料气、放空和排污管道进行管道打开的动火作业

D. 在站场工艺围栏上进行焊接作业

109. BH03 输油气站场可产生油、气的封闭空间不包括以下哪个场所(　　)。

A. 阴极保护间　　　B. 计量间　　　C. 阀室　　　　　　D. 输油泵房

110. BH03 动火作业许可证签发后，至动火开始执行时间不应超过(　　)。

A. 1h　　　　　　　B. 2h　　　　　　　C. 3h　　　　　　　D. 4h

111. BH03 动火作业许可证原件要保存(　　)。

A. 三个月　　　　B. 半年　　　　　C. 一年　　　　D. 两年

112. BH03 如果在规定的动火作业时间内没有完成动火作业，应办理动火延期，但延期后总的作业期限不宜超过(　　)。

A. 6h　　　　　B. 12h　　　　　C. 24h　　　　D. 36h

113. BH03 对不连续的动火作业，则动火作业许可证的期限不应超过(　　)。

A. 4h　　　　　B. 8h　　　　　　C. 12h　　　　D. 24h

114. BH04 项目建设单位每(　　)对承包方的 HSE 表现给出评估，并由评价部门负责人或者其指定代表签字，并告知承包方每次的评估结果。

A. 10 天　　　　B. 半月　　　　　C. 月　　　　　D. 周

安全检查部分

115. BH01 基层站队每(　　)组织一次本站队的全面检查。

A. 年　　　　　B. 季度　　　　　C. 月　　　　　D. 天

116. BH01(　　)是查找由于季节气候特点可能对安全生产造成危害的不利因素，并加以督促、防范。

A. 日常检查　　B. 不定期检查　　C. 季节检查　　D. 内审检查

117. BH01(　　)是根据专业、季节、节假日特点和社会媒体报道的(尤其是同行业发生的)恶性事故、案例，组织对特殊作业、特殊设备、输油气生产过程开展的检查。

A. 定期检查　　B. 专业性检查　　C. 季节检查　　D. 不定期检查

118. BH01 在上级检查中，被检查基层单位应按照专业分工对问题项进行原因分析并制订整改计划、措施，并按规定计划、措施对不符合和问题项进行整改。汇总整改结果于检查后(　　)个工作日内报检查的牵头组织部门。

A. 5　　　　　B. 10　　　　　　C. 15　　　　　D. 20

119. BH01 各站队分专业建立(　　)纳入站队管理岗作业指导书，并结合各级检查发现问题、设备设施变更、管理业务调整等对检查表进行连带变更，作为定期检查的依据。

A. 检查记录　　B. 检查表　　　　C. 检查结果　　D. 作业计划书

120. BH01(　　)主要是针对元旦、"五一"节、国庆节以及春节等节日连续放假时间较长，为保障放假期间的安全生产而进行的检查。

A. 节日前安全检查　　　　　　　　B. 季节性检查
C. 定期检查　　　　　　　　　　　D. 不定期检查

121. BH01(　　)由各专业部门组织，根据生产、特殊设备存在的问题或专业工作安排进行的检查。通过检查，及时发现并消除不安全因素。

A. 节日前安全检查　　　　　　　　B. 季节性检查
C. 定期检查　　　　　　　　　　　D. 专业性检查

应急管理部分

122. BJ01 通讯录的变更不列入预案修订范围内，如果通讯录人员名单或通讯方式有变更，需及时更新，每(　　)至少更新一次。

A. 月　　　　　B. 周　　　　　　C. 季度　　　　D. 半年

123. BJ01 突发自然灾害事件不包括以下哪种(　　)。

A. 洪汛灾害　　　　　　　　　　B. 破坏性地震灾害

C. 地质灾害　　　　　　　　　　D. 突发急性职业中毒事件

124. BJ01 环境突发事件总体分级一般分为(　　)级。

A. 四　　　　　B. 三　　　　　C. 二　　　　　D. 一

125. BJ02 输油气站每(　　)至少组织一次应急预案演练

A. 月　　　　　B. 周　　　　　C. 季度　　　　　D. 半年

事故事件管理部分

126. BK01 事故发生后，现场人员应(　　)报告给本单位负责人。

A. 在 10min 内　　B. 在 20min 内　　C. 在 30min 内　　D. 立即

127. BK01 自事故发生之日起 30 日内，事故造成的伤亡人数发生变化的，应当(　　)。

A 及时补报　　　B. 不再上报　　　C. 可上报也可不上报 D. 隐瞒不报

128. BK01 事故汇报：事故基本情况调查完成后以书面形式向上级进行的汇报。事故发生(　　)天之内，事故单位应向上级正式汇报。

A. 60　　　　　B. 45　　　　　C. 30　　　　　D. 10

129. BK01 道路交通事故、火灾事故自发生之日起(　　)日内，事故造成的伤亡人数发生变化的，应当及时补报。

A. 3　　　　　B. 5　　　　　C. 7　　　　　D. 10

130. BK03 每次开展安全经验分享时间以(　　)为宜。

A. 5~10min　　　B. 30min　　　C. 60min　　　D. 越长越好

131. BK03 事故发生之后应在(　　)个工作日内将事故信息录入到 HSE 信息系统。

A. 3　　　　　B. 5　　　　　C. 7　　　　　D. 10

132. BK03 安全工程师(　　)要对事件进行统计、分类、整理、趋势分析并随时更新。

A. 每月　　　　B. 每季度　　　　C. 每半年　　　　D. 每年

HSE 信息系统部分

133. BL01 HSE 信息系统日常工作信息，如：安全环保培训、宣传信息、监督检查结果、安全评价、隐患识别、危险作业许可信息、环保健康监测数据等，应在工作完成(　　)个工作日内录入。

A. 5　　　　　B. 10　　　　　C. 15　　　　　D. 30

134. BL01 HSE 信息系统基础类信息，如：人员和设备，应在变更后的(　　)个工作日内完成录入。

A. 5　　　　　B. 10　　　　　C. 15　　　　　D. 30

135. BL01 单位百万工时安全统计需要安全工程师在每个月(　　)填写汇总上月本单位及承包商的员工总数和工时总数(　　)。

A. 月初　　　　B. 月中　　　　C. 月末　　　　D. 中下旬

136. BL01 集团公司推行的安全统计方法是(　　)。

A. 一万工时　　B. 十万工时　　C. 百万工时　　D. 千万工时

二、判断题(对的画"√",错的画"×")

第一部分 基础知识

安全生产基本知识部分

( ) 1. AA01 安全是没超过允许限度的危险。

( ) 2. AA01 安全一定能转化为危险,反之亦然。

( ) 3. AA01 任何事故,只要采取正确的预防措施,是可以防止的。

( ) 4. AA01 事故是一种突发事件,但是事故发生之前无潜伏期。

( ) 5. AA01 发生事故、造成人员伤亡或财物损失的危险没有超过允许的限度时,就认为是安全了。

( ) 6. AA01 安全与危险是相对概念,是互补的。

( ) 7. AA01 风险是可能产生潜在的损害的征兆,是危险的前提,没有风险就无所谓危险。

( ) 8. AA01 危险是一种不安全状态,无法改变的客观存在。

( ) 9. AA01"安全生产"一词中所讲的"生产",指的是产品的生产活动和工程建设活动,不包括从事服务的经营活动。

( ) 10. AA01 安全生产和劳动保护二者从概念上看是有所不同的,在内容上也是相互独立的。

( ) 11. AA01 运用法律、经济、行政等手段,多管齐下,并充分发挥社会、职工、舆论的监督作用,形成标本兼治、齐抓共管的格局,体现安全生产的"综合治理"工作方针。

( ) 12. AA01 属地管理指的是属地责任人对属地内的人、设备、环境等按安全要求进行管理。

事故及其预防控制部分

( ) 13. AB01 任何事故,只要采取正确的预防措施,是可以防止的。

( ) 14. AB01 事故隐患主要是指生产经营活动中存在可能导致事故发生的物的危险状态。

( ) 15. AB01 事故的发生具有随机性,不遵循统计规律。

( ) 16. AB02 事故隐患及危害性不是静止的,而是变化的。

( ) 17. AB02 海因里希因果连锁理论认为,事故的发生是就好像是一连串垂直放置的骨牌,前一个倒下,引起后面的一个个倒下,当最后一个倒下,就意味着伤害结果发生。

( ) 18. AB02 海因里希认为,事故发生的最初原因是人的本身素质,即生理、心理上的缺陷,或知识、意识、技能方面的问题等,按这种人的意志进行动作,即出现设计、制造、操作、维护错误。

( ) 19. AB02 海因里希因果连锁理论积极意义在于,如果移去因果连锁中的任一块骨牌,则连锁被破坏,事故过程即被中止,达到控制事故的目的。

( ) 20. AB02 加强培训,使人具有较好的安全技能,或者加强应急抢救措施,也都能在不同程度上移去事故连锁中的某一骨牌以增加该骨牌的稳定性，使事故得到预防和控制。

（　　）21. AB02 安全金字塔法则认为，在1个死亡重伤害事故背后，有29起轻伤害事故，29起轻伤害事故背后，有300起无伤害虚惊事件，以及大量的不安全行为和不安全状态存在。

（　　）22. AB03 安全教育对策和管理对策则主要着眼于人的不安全行为的问题，其中安全管理对策主要使人知道应该怎样做。

（　　）23. AB03 安全管理措施是安全措施的首选措施。

第二部分　专业知识

风险隐患管理部分

（　　）24. BA01 危害因素变更包括新增危害因素识别、评价和原有危害因素的消除以及风险级别调整等。

（　　）25. BA01 站队针对已确定的危害因素应逐项落实风险控制措施。风险控制措施必须明确具体内容、完成期限及相关责任人。

（　　）26. BA02 对威胁人员生命安全和生产安全、随时可能发生事故的重大事故隐患，隐患单位应立即组织停产整改。

（　　）27. BA03 危险化学品重大危险源的判定依据是危险化学品的临界量。

（　　）28. BA03 对存在吸入性有毒、有害气体的危险化学品重大危险源，应当配备便携式浓度检测设备、空气呼吸器、化学防护服、堵漏器材等应急器材和设备。

（　　）29. BA04 站队应制订危险化学品相关应急预案，配备应急处置救援人员和必要的应急救援器材、设备，并定期组织演练。

（　　）30. BA04 站队禁止用电瓶车、翻斗车、铲车等运输爆炸物品，禁止用叉车、铲车、翻斗车搬运易燃、易爆液化气体等危险化学品。

安全目视化部分

（　　）31. BB01 站队的应急疏散逃生通道、紧急集合点、巡检路线必须设置明确标识。

（　　）32. BB01 站队安全标识安装位置原则上在巡检线路进口侧。

（　　）33. BB01 站队门口设置"进站须知""反违章禁令""站区平面布置图"和"安全警示牌"标识牌。

（　　）34. BB01 对站内的施工作业现场，应根据危险状况进行安全隔离。安全隔离分为警告性隔离和保护性隔离。

（　　）35. BB01 站场外动火施工作业应设立临时风向标。

（　　）36. BB02 输油气站应急药箱应设置在站控室器材柜。

（　　）37. BB02 站场应急设备设施主要包括站场风向标、紧急警报系统、应急广播系统、应急逃生门、医疗救护设施。

（　　）38. BB02 紧急警报系统是指可以在应急时对站场作业人员传达指令，同时也能对站场附近的外部人员及时传达相关指令和信息的音频控制系统。

（　　）39. BB02 油库（二级以上）和首末站设置风向标2~3处；输气站场设置风向标

1~2 处。

（ ）40. BB02 风向标应设置防雷接地装置，接地引下线的冲击接地电阻不应大于 10Ω。

（ ）41. BB02 逃生门处应设有明显的警示标识。

（ ）42. BB02 输油气站场大门出口对面一侧的围墙上，每间隔 70 m 应设置一处应急逃生门，但是原则上不宜超过两处。

（ ）43. BB02 二级以上（含二级）油库应设置应急广播系统，室外扬声器应设置 2~3 处，办公区域广播系统每层办公区至少设置 2 处扬声器。

（ ）44. BB02 输油气站应配置手摇式警报装置。手摇式警报装置应设置在办公楼附近，位置明显且便于操作的地点，支撑立柱高度 1.2~1.5m。

安全环保教育部分

（ ）45. BC01 全国"质量月"活动始于 1978 年，并确定每年 9 月组织开展为期一个月全国质量月活动。

（ ）46. BC01 全国"安全生产月"活动始于 1980 年，自 2002 年开始，我国将安全生产周改为每年 6 月为安全生产月，并根据需要确定当年活动主题。

（ ）47. BC01 每年的 6 月 5 日成了向全世界人民宣传环境保护重要性的宣传日。

（ ）48. BC02 在新工艺、新技术、新装置、新产品投产前，各单位要组织编制新的安全操作规程，进行专门教育。有关人员经考试合格后，方可上岗操作。

（ ）49. BC03 站队安全工程师每季度初制订站队、班组安全活动计划，确定活动主题，做到活动主题明确、方式灵活、内容丰富。

（ ）50. BC03 站队安全活动由站队长组织，班组安全活动由班组长组织，活动应严格考勤制度，不得无故缺席。对缺席者要进行补课并记录。

（ ）51. BC03 所有站队长每季度至少参加一次班组安全活动。

（ ）52. BC04 外来人员指进站检查指导人员、参观学习人员、实习人员和外来施工人员等。公司机关人员进站可以不按照外来人员进行管理。

（ ）53. BC04 外来人员进站前应进行登记，填写《外来人员进出站登记表》，人员出站时应与进站登记内容进行核对。

（ ）54. BC04 外来人员进站劳保着装必须符合规定要求，带有铁钉、铁掌的鞋可以穿戴进入生产区。

（ ）55. BC04 公司对进入输油气站场的照相、摄像活动实行审批制度，未经批准任何人不得在生产区内照相、摄像。

职业健康管理部分

（ ）56. BD01 用人单位应当对劳动者进行上岗前的职业卫生培训和在岗期间的定期职业卫生培训，普及职业卫生知识，督促劳动者遵守职业病防治法律、法规、规章和操作规程，指导劳动者正确使用职业病防护设备和个人使用的职业病防护用品。

（ ）57. BD01 用人单位的主要负责人和职业卫生管理人员应当接受职业卫生培训，遵守职业病防治法律、法规，依法组织本单位的职业病防治工作。

（　　）58. BD01 组织健康检查的部门每 2 年应委托检查单位对所有被检查员工进行一次群体健康评定，并将结果提交各级 HSE 管理部门留档。

（　　）59. BD01 体检中发现可疑职业病例，需提交职业病诊断机构进行诊断。

（　　）60. BD01 对健康检查发现患有疾病的员工或者诊断为职业病的患者以及职业禁忌症人员要采取治疗、疗养、调换工作等措施并做静态观察。

（　　）61. BD01 职业病危害因素检测、评价由依法设立的取得国务院安全生产监督管理部门或者设区的县级以上地方人民政府安全生产监督管理部门按照职责分工给予资质认可的职业卫生技术服务机构进行。

（　　）62. BD02 凡参加生产作业的管理和专业技术人员，其生产作业符合保健津贴的发放条件，可按照同工种、同待遇发给其参加生产作业期间的保健津贴。

（　　）63. BD02 保健津贴由各基层单位、部门按季申报，各级安全部门、人事部门审查，财务部门发放。

（　　）64. BD02 员工兼做两种享受保健津贴的工种，能同时享受两种保健津贴待遇。

（　　）65. BD02 从事放射性工作的人员按月计发，当月未接触放射性工作者不发；其他工种一律按从事有害健康实际工作日计发。

（　　）66. BD02 从事放射性工作人员的保健津贴按年计发，当月未接触放射性工作者不发。

（　　）67. BD02 凡员工兼做两种享受保健津贴的工种，只能享受其中一种保健津贴待遇。

（　　）68. BD02 患有职业病人员，经医疗卫生部门诊断，劳动和社会保障部门认定为职业病者，享受保健津贴，恢复后停止保健津贴发放。

（　　）69. BD03 各单位对强制报废的劳保用品（如安全帽等）应统一回收处置，并有记录。严禁以任何方式转让第三方使用。

（　　）70. BD03 在不违背配备规定的前提下，各单位主管部门可组织征求劳动防护用品使用岗位人员提出劳动防护用品配备需求、建议。

（　　）71. BD03 进入生产作业场所和施工现场的承包商人员，应按现场管理要求穿戴劳动防护用品。

（　　）72. BD03 各单位物资采购部门按照劳动防护用品采购计划发放，并建立"公司劳动保护卡"。各站队应按计划发放劳动防护用品，并建立《员工劳动防护用品出库登记台账》。

（　　）73. BD03 发给员工个人使用、保管的特种劳动防护用品，使用到期后以旧换新。

环境保护管理部分

（　　）74. BE01 职业健康是指用经济、法律、行政的手段保护自然资源并使其得到合理的利用，防止自然环境受到污染和破坏。对受到污染和破坏的环境做好综合治理，以创造适合于人类生活、劳动的环境。

（　　）75. BE01 环境是指影响人类生存和发展的各种天然的和经过人工改造的自然因素的总体。

（　　）76. BE01 建设项目环境保护"三同时"是指建设项目的环境保护措施（包括防治

污染和其他公害的设施及防止生态破坏的设施)必须与主体工程同时设计、同时施工、同时投入使用。

(　　)77. BE01 对废弃物处置可不必建立废物处理和排放控制档案,但需执行废物排放管理申报登记制度,依法申请办理排污许可证。

(　　)78. BE01 站库区的排污及正常生产运行中的环境监测数据应齐全、准确,按要求记录、存档并建立台账。

(　　)79. BE01 环境监测应委托有资质的专业队伍监测。

(　　)80. BE02 排污费用一次性缴纳 5 万元(含)以上由管道公司安全、财务部门审批;5 万元以下由所属单位安全、财务部门审批。

(　　)81. BE01 输油气管道应进行定期检测,防止腐蚀穿孔。对河流、沟渠管道穿跨越及干线应定期检查,防止管道发生泄漏事故对周围环境造成污染。

(　　)82. BE01 原油和成品油用火车、汽车油罐车运输装卸油时,宜采用浸没式液下装油方式或其他密闭装卸油方式,减少挥发烃类对大气的污染。

(　　)83. BE01 输油气站、库工业废气排放筒应设监测采样孔。

(　　)84. BE02 输油气站、库废水排放口应进行规范化管理。无须在排污口设立明显标识。

(　　)85. BE02 油罐脱水、罐底排污排出的含油污水,应进行处理,可就地自行排放。

(　　)86. BE03 应加强输油气设施维护,定期检查生产区的排污沟,防止发生油气泄漏造成污染。

(　　)87. BE04 各种废弃物不得倒入自然水体或任意弃之,应采取无害化堆置或送至有处理资质的单位处理。

(　　)88. BE05 对已获得绿色基层站(队)称号的基层单位每两年进行一次复核。

交通安全管理部分

(　　)89. BF01 公司所有自有产权的在用机动车辆,除消防车辆、管道维抢修特种车辆(挖掘机、装载机、吊车)以外,必须申报并安装管道公司统一型号的车载终端。

(　　)90. BF01 同一名驾驶员每月被处罚超过 5 次及以上的或年度内累计被处罚超过 5 次及以上的,吊销驾驶员内部准驾证。

(　　)91. BF02 持《中华人民共和国机动车驾驶证》的人员就可驾驶本单位机动车辆。

(　　)92. BF02 对各种违章指挥,驾驶员有权拒绝驾驶车辆。

(　　)93. BF2 站队应定期对驾驶员及相关人员进行交通安全培训。站队每月、班组每周必须组织驾驶员进行安全教育活动。

(　　)94. BF02 驾驶员应严格执行车辆的"三检"制度,即出车前、行驶途中和回厂后的车辆检查、保养,做到小故障不过夜,故障不排除次日不出车。

(　　)95. BF02 对于外聘或随车的外部驾驶员年龄必须在 50 周岁以下,并且要有当年县级以上医院出具的体检合格证明。

(　　)96. BF02 若租用外单位车辆在半年以上,随车的外单位驾驶员的安全教育应同本单位驾驶员一样对待。

(　　)97. BF02 站队对驾驶员的培训应有培训计划、培训教案、教师和培训、考核记录。

（　）98. BF03 车辆出车实行出车审批制，填写出车审批单，由站队调度人员管理。

（　）99. BF03 雨雪天气、雾天及沙尘等复杂天气，原则上不发长途车。

消防安全管理部分

（　）100. BG01 输油气站消防栓旁应设消防工具箱，消防工具箱距离消防栓不宜大于 10m。

（　）101. BG01 充气泵每季度检查一次，确保空气符合技术要求，并记录检查结果。

（　）102. BG01 二级及以上油库消防控制室应每班两人、每日 24h 进行值班监控，确保及时发现并准确处置火灾和故障报警。

（　）103. BG01 地下消防栓标识应清晰，消防栓井内没有积水，冬季应采取保温措施。

（　）104. BG01 空气呼吸器气瓶内的压力应保证在 28~30 MPa。

（　）105. BG01 灭火器应放置在位置明显和便于取用的地点，且不影响安全疏散，有视线障碍的灭火器放置点应设置指示标识。

（　）106. BG01 易燃易爆场所应设置禁火标识。

（　）107. BG01 在特殊情况下，单位和个人可以挪用、拆除、埋压消火栓，可临时占用消防通道。

（　）108. BG03 泡沫发生器的吸气孔、发泡网及暴露的泡沫喷射口，不得有杂物进入或堵塞。

施工安全管理部分

（　）109. BH01 非常规作业是指临时性的、未形成作业指导书的作业活动。

（　）110. BH01 输油气站是一级防火单位，生产区内严禁吸烟，禁止携带有毒有害、易燃易爆物品进入生产区，进站人员应交出火种。

（　）111. BH01 作业计划书不包括应急预案。

（　）112. BH01 在所辖区域内进行未形成作业指导书的作业应实行作业许可管理。

（　）113. BH01 在所辖区域内进行交叉作业不需要实行作业许可管理。

（　）114. BH01 在所辖区域内进行由承包商完成的非常规作业应实行作业许可管理。

（　）115. BH01 在所辖区域内进行非计划性维修工作不需要实行作业许可管理。

（　）116. BH01 在所辖区域内进行偏离安全标准、规则、程序要求的作业应实行作业许可管理。

（　）117. BH03 在油气管道及其设施上不进行管道打开的动火作业属于一级动火作业。

（　）118. BH03 在燃料油、燃料气、放空和排污管道进行管道打开的动火作业属于二级动火作业。

（　）119. BH03 对运行管道的密闭开孔作业属于一级动火作业。

（　）120. BH03 在输气站场对动火部位相连的管道和设备进行油气置换，并采取可靠隔离（不包括黄油墙）后进行管道打开的动火作业属于二级动火作业。

（　）121. BH03 在输油气站场可产生油气的封闭空间可对非油气管道、设施的动火作业属于二级动火作业。

（　　）122. BH03 若对场所内全部设备管网采取隔离、置换或清洗等措施并经检测合格后，仍视为可产生油、气的封闭空间。

安全检查部分

（　　）123. BI01 安全检查形式分为：定期检查、不定期检查、专业性检查和日常检查。

（　　）124. BI01 各站队分专业建立检查表，纳入站队管理岗作业指导书，并结合各级检查发现问题、设备设施变更、管理业务调整等对检查表进行连带变更，作为定期检查的依据。

（　　）125. BI01 节日前安全检查主要检查：节日期间的安全保卫措施、岗位责任制落实情况、节日值班、防火、防爆、安全设施、车辆管理、消防设施以及应急预案等为重点内容。

（　　）126. BI01 季节检查主要是针对元旦、"五一"节、国庆节以及春节等节日连续放假时间较长，为保障放假期间的安全生产而进行的检查。

（　　）127. BI01 季节性检查重点检查内容是：防雷、防静电、防火、防爆、防油罐冒顶、防中毒、防凝管、设备安全防护（电气春检）、防暑降温、防汛、防交通事故、防冻保温、防滑等。

（　　）128. BI01 基层站队每月组织一次本站队的全面检查。各站队分专业建立检查表，纳入站队管理岗作业指导书，并结合各级检查发现问题、设备设施变更、管理业务调整等对检查表进行连带变更，作为定期检查的依据。

（　　）129. BI01 专业检查重点检查内容是：防雷、防静电、防火、防爆、防油罐冒顶、防中毒、防凝管、设备安全防护（电气春检）、防暑降温、防汛、防交通事故、防冻保温、防滑等。

（　　）130. BI01 季节性检查由各专业部门组织，根据生产、特殊设备存在的问题或专业工作安排进行的检查。通过检查，及时发现并消除不安全因素。

应急管理部分

（　　）131. BJ01 发生 10 人及以上死亡，或中毒（重伤）50 人及以上的环境突发事件属于 I 级突发事件。

（　　）132. BJ01 因环境污染造成跨地级行政区或跨市界、省界污染事件，使当地经济、社会活动受到影响的环境突发事件属于 II 级突发事件。

（　　）133. BJ01 发生 3 人以下死亡的环境突发事件属于 III 级突发事件。

（　　）134. BJ01 环境突发事件总体分级一般分为 4 级。

（　　）135. BJ01 当新的相关法律法规颁布实施或相关法律法规修订实施时，应及时对应急预案进行修订。

（　　）136. BJ01 通过应急预案演练或经突发事件检验，发现应急预案存在缺陷或漏洞时，应及时对应急预案进行修订。

（　　）137. BJ01 当生产工艺和技术发生变化时，应及时对应急预案进行修订。

（　　）138. BJ02 输油气站每月至少组织一次应急预案演练。

（　　）139. BJ03 抢修作业现场使用防爆灯具、防爆铜质锹镐等防爆工具和防爆设施，临时用电可不采用防爆电缆。

事故事件管理部分

( )140. BK01 事故报告方式分为：初步报告、事故补报、事故汇报。

( )141. BK01 事故发生之后应及时以口头报告、事故快报或电子邮件等形式报告（使用事故快报或电子邮件作为初步报告，必须同时以电话的方式确认收报人已经收到事故初步报告）。

( )142. BK01 事件当事人或目击者应及时将事件报告给直接上级或者事件发生地的属地管理负责人，但不可越级上报。

( )143. BK02 任何主动报告的事件，相关责任人应受到指责和处罚，对于呈报人单位应给予表扬和一定的物质奖励。

( )144. BK02 对于承包商在对各单位提供服务过程中发生的事故，也应参照规定进行报告、统计。

( )145. BK02 任何单位和个人不得阻挠和干涉对事故的报告和调查处理。

( )146. BK02 在应急处置、抢险救援中或应急结束，事故单位及有关人员应妥善保护事故现场以及相关证据，任何单位和个人不准故意破坏事故现场、毁灭有关证据。

( )147. BK03 安全经验分享的形式为结合文字、图像或影像资料讲述、口头直接讲述等。

( )148. BK03 安全经验分享的类型，分为事故教训分享和安全做法分享两种类型，前者警示不要违规，后者鼓励遵守规章，二者同等重要，不能只讲教训，不讲经验。

HSE 信息系统部分

( )149. BL01 HSE 信息系统每个用户只能有一个账号，密码要保密，不能随意将用户账号和密码交给他人使用，要按要求做好相应的登记，更换工作。

( )150. BL01 百万工时统计中总工时指在规定时间段内（如一年或一月），本企业员工、承包商（分包商）工作时间总和，包括加班工作时间，不包括休假和离职等时间。

三、简答题

第一部分 基础知识

安全生产基本知识部分

1. AA02 根据安全生产法，安全生产管理人员履行的职责有哪些？

事故及其预防控制部分

2. AB03 事故 3E 对策是什么？

第二部分 专业知识

安全目视化管理部分

3. BB02 站场应急设备设施主要包括哪些？

安全环保教育部分

4. BC04 进站安全教育内容主要包括哪些？

职业健康管理部分

5. BD01 简述职业性健康检查分类？

交通安全管理部分

6. BF03 车辆节假日期间"三交一封"是指什么？

消防安全管理部分

7. BG02 消防安全管理的"四懂"是什么？
8. BG02 消防安全管理的"四会"是什么？
9. BG02 消防安全管理的"四个能力"内容是什么？
10. BG02 消防安全管理的"五个第一时间"内容是什么？

施工安全管理部分

11. BH01 在工程项目正式实施前，应对施工方编写哪些资料进行书面审查？
12. BH03 输油气站场可产生油、气的封闭空间主要有哪些？

安全检查部分

13. BI02 安全检查的形式分为哪几种？

应急管理部分

14. BJ01 环境突发事件总体分级一般分为几级？
15. BJ01 应急处置应坚持什么工作方针？

事故事件管理部分

16. BK01 事故汇报的基本内容有哪些？
17. BK03 开展安全经验分享的时机、时间和表现形式？

初级资质理论认证试题答案

一、单项选择题答案

1. A	2. B	3. B	4. B	5. B	6. B	7. D	8. A	9. D	10. B
11. D	12. C	13. A	14. C	15. D	16. D	17. A	18. B	19. B	20. C
21. A	22. B	23. A	24. D	25. D	26. D	27. D	28. A	29. D	30. A

31. A　32. A　33. C　34. B　35. D　36. C　37. C　38. B　39. A　40. C

41. D　42. B　43. B　44. C　45. B　46. B　47. B　48. B　49. C　50. D

51. B　52. B　53. D　54. C　55. A　56. A　57. B　58. B　59. B　60. A

61. B　62. A　63. A　64. C　65. C　66. A　67. C　68. D　69. B　70. B

71. D　72. D　73. C　74. A　75. D　76. B　77. C　78. C　79. C　80. A

81. B　82. D　83. B　84. C　85. B　86. D　87. B　88. C　89. B　90. C

91. B　92. B　93. C　94. B　95. D　96. B　97. C　98. D　99. A　100. B

101. A　102. D　103. A　104. C　105. B　106. D　107. C　108. D　109. A　110. B

111. C　112. C　113. B　114. C　115. A　116. C　117. D　118. C　119. B　120. A

121. D　122. C　123. B　124. C　125. D　126. B　127. A　128. B　129. C　130. A

131. B　132. C　133. A　134. B　135. A　136. C

二、判断题答案

1. √　2. ×在一定的条件下，安全可以转化为危险，反之亦然。　3. √　4. ×事故是一种突发事件，但是事故发生之前有一段潜伏期。　5. √　6. √　7. ×危险是可能产生潜在损害的征兆，是风险的前提，没有危险就无所谓风险。　8. √　9. ×"安全生产"一词中所讲的"生产"，是广义的概念，不仅包括产品的生产活动，也包括各类工程建设和商业、娱乐以及其他服务业的经营活动。　10. ×安全生产和劳动保护二者从概念上看是有所不同的，但在内容上有所交叉。

11. √　12. √　13. √　14. ×事故隐患，泛指生产系统中可能导致事故发生的人的不安全行为、物的不安全状态和管理上的缺陷。　15. ×事故这种随机性在一定范围内也遵循统计规律。从事故的统计资料中，我们可以找到事故发生的规律性。　16. √　17. √　18. √　19. √　20. √

21. √　22. ×安全教育对策和管理对策则主要着眼于人的不安全行为的问题，安全教育对策主要使人知道应该怎样做，而安全管理对策则是要求人必须怎样做。　23. ×工程技术措施是安全措施的首选措施。　24. √　25. √　26. √　27. √　28. √　29. √　30. √

31. √　32. √　33. √　34. √　35. √　36. √　37. √　38. ×紧急警报系统是指在发生事故等紧急状态时由警报装置发出声、光信号，提醒有关人员立即采取行动的系统。　39. √　40. ×风向标应设置防雷接地装置，接地引下线的冲击接地电阻不应大于4Ω。

41. ×逃生门处应设有明显的警示标识。　42. √　43. √　44. ×输油气站应配置手摇式警报装置。手摇式警报装置应设置在站控室附近，位置明显且便于操作的地点，支撑立柱高度1.2～1.5m。　45. √　46. √　47. √　48. √　49. ×站队安全工程师每月初制订站队、班组安全活动计划，确定活动主题，做到活动主题明确，方式灵活，内容丰富。　50. √

51. ×所有站队长每月至少参加一次班组安全活动。　52. ×外来人员指进站检查指导人员、参观学习人员、实习人员和外来施工人员等。公司机关人员人员进站按照外来人员进行管理。　53. √　54. ×外来人员进站劳保着装必须符合规定要求，带有铁钉、铁掌的鞋禁止穿戴进入生产区。 55.√ 56.√ 57.√ 58.×组织健康检查的部门每4年应委托检查单位对所有被检查员工进行一次群体健康评定，并将结果提交各级HSE管理部门留档。 59.√ 60.×对健康检查发现患有疾病的员工或者诊断为职业病的患者以及职业禁忌证人员要采取治疗、疗养、调换工作等措施并做动态观察。

61.×职业病危害因素检测、评价由依法设立的取得国务院安全生产监督管理部门或者设区的市级以上地方人民政府安全生产监督管理部门按照职责分工给予资质认可的职业卫生技术服务机构进行。 62.√ 63.×保健津贴由各基层单位、部门按月申报，各级安全部门、人事部门审查，财务部门发放。 64.×员工兼做两种享受保健津贴的工种，只能享受其中一种保健津贴待遇。 65.√ 66.×从事放射性工作人员的保健津贴按月计发，当月未接触放射性工作者不发。 67.√ 68.√ 69.√ 70.√

71.√ 72.×各单位物资采购部门按照劳动防护用品采购计划发放，并建立"员工劳动防护用品出库登记台账"。各站队应按计划发放劳动防护用品，并建立《公司劳动保护卡》。73.×发给员工个人使用、保管的特种劳动防护用品，使用到期后及时给予更换。 74.×环境保护是指用经济、法律、行政的手段保护自然资源并使其得到合理的利用，防止自然环境受到污染和破坏。对受到污染和破坏的环境做好综合治理，以创造适合于人类生活、劳动的环境。 75.√ 76.√ 77.×对废弃物处置需建立完整的废物处理和排放控制档案，执行废物排放管理申报登记制度，依法申请办理排污许可证。 78.√ 79.√ 80.√

81.√ 82.√ 83.√ 84.×输油气站、库废水排放口应进行规范化管理。在排污口设立明显标识，标明排污口编号、污染物排放种类。 85.×油罐脱水、罐底排污排出的含油污水，应进行处理，不得就地排放。 86.√ 87.√ 88.×对已获得绿色基层站（队）称号的基层单位每三年进行一次复核。 89.√ 90.×同一名驾驶员每月被处罚超过3次及以上的或年度内累计被处罚超过5次及以上的，吊销驾驶员内部准驾证。

91.×只有经过正式培训，审验合格，持《中华人民共和国机动车驾驶证》和《中国石油管道公司机动车准驾证》的人员，方能驾驶本单位机动车辆。 92.√ 93.√ 94.√ 95.√

96.×租用外单位车辆在3个月以上，随车外单位驾驶员的安全教育应同本单位驾驶员一样对待。 97.√ 98.√ 99.√ 100.×输油气站消防栓旁应设消防工具箱，消防工具箱距离消防栓不宜大于5m。

101.√ 102.√ 103.√ 104.√ 105.√ 106.√ 107.×任何单位和个人可以挪用、拆除、埋压消火栓，严禁占用消防通道。 108.√ 109.×作业安全分析工作步骤通常不超过7个步骤。 110.√

111.√ 112.√ 113.×在所辖区域内进行交叉作业应实行作业许可管理。 114.√ 115.×在所辖区域内进行非计划性维修工作应实行作业许可管理。 116.√ 117.×在油气管道及其设施上不进行管道打开的动火作业属于二级动火作业。 118.√ 119.×对运行管道的密闭开孔作业属于二级动火作业。 120.√

121.√ 122.×若对场所内全部设备管网采取隔离、置换或清洗等措施并经检测合格后，可以不视为可产生油、气的封闭空间。 123.√ 124.√ 125.√ 126.×节日前安全检查主要是针对元旦、"五一"节、国庆节以及春节等节日连续放假时间较长，为保障放假期间的安全生产而进行的检查。 127.√ 128.√ 129.×季节检查重点检查内容是：防雷、防静电、防火、防爆、防油罐冒顶、防中毒、防凝管、设备安全防护（电气春检）、防暑降温、防汛、防交通事故、防冻保温、防滑等。　130.×专业性检查由各专业部门组织，根据生产、特殊设备存在的问题或专业工作安排进行的检查。通过检查，及时发现并消除不安全因素。

131.√　132.√　133.√　134.×突发事件总体分级一般分为三级。　135.√　136.√137.√　138.×输油气站每季度至少组织一次应急预案演练。　139.×抢修作业现场使用防爆灯具、防爆铜质锹镐等防爆工具和防爆设施，临时用电采用防爆电缆。　140.√

141.√　142.×事件当事人或目击者应及时将事件报告给直接上级或者事件发生地的属地管理负责人，必要时可越级上报。　143.√　144.√　145.√　146.√　147.√　148.√149.√　150.√

三、简答题答案

1. AA02 根据安全生产法，安全生产管理人员履行的职责有哪些？

答：① 组织或者参与拟订本单位安全生产规章制度、操作规程和生产安全事故应急救援预案；② 组织或者参与本单位安全生产教育和培训，如实记录安全生产教育和培训情况；③ 督促落实本单位重大危险源的安全管理措施；④ 组织或者参与本单位应急救援演练；⑤ 检查本单位的安全生产状况，及时排查生产安全事故隐患，提出改进安全生产管理的建议；⑥ 制止和纠正违章指挥、强令冒险作业、违反操作规程的行为；⑦督促落实本单位安全生产整改措施。

评分标准：答对①～⑥各占 15%，答对⑦占 10%。

2. AB03 事故 3E 对策是什么？

答：① 3E 指工程技术对策、教育对策、管理对策；② Engineering——工程技术：运用工程技术手段消除不安全因素，实现生产工艺、机械设备等生产条件的安全；③ Education——教育：利用各种形式的教育和训练，使职工树立"安全第一"的思想，掌握安全生产所必须知识和技术；④ Enforcement——管理对策：借助于规章制度、法规等必要的行政、乃至法律的手段约束人们的行为。

评分标准：答对①～④各占 25%。

3. BB02 站场应急设备设施主要包括哪些？

①答：站场风向标；② 紧急警报系统；③ 应急广播系统；④ 应急逃生门；⑤ 医疗救护设施。

评分标准：答对①～⑤各占 20%。

4. BC04 进站安全教育内容主要包括哪些？

答：① 本站概况及主要危险源；② 本站安全要求和相关安全管理规章制度；③ 进站安全须知；④ 本站应急逃生路线；⑤ 典型事故案例；⑥ 其他需要说明的内容。

评分标准：答对①～⑤各占 18%，答对⑥占 10%。

5. BD01 简述职业性健康检查分类？

答：① 就业前健康检查；② 定期职业健康检查；③ 应急健康检查；④ 离岗健康检查；⑤ 职业病患者和观察对象定期复查。

评分标准：答对①～⑤各占 20%。

6. BF03 车辆节假日期间"三交一封"是指什么？

答：① 交车辆钥匙；② 交行驶证；③ 交准驾证；④ 封存车辆。

评分标准：答对①~④各占 25%。

7. BG02 消防安全管理的"四懂"是什么？

答：① 懂本岗位的火灾危险性；② 懂预防火灾的措施；③ 懂灭火方法；④ 懂逃生方法。

评分标准：答对①~④各占 25%。

8. BG02 消防安全管理的"四会"是什么？

答：① 会报警；② 会使用消防器材；③ 会扑救初期火灾；④ 会组织人员疏散逃生。

评分标准：答对①~④各占 25%。

9. BG02 消防安全管理的"四个能力"内容是什么？

答：① 检查消除火灾隐患能力；② 组织扑救初期火灾能力；③ 组织人员疏散逃生能力；④ 消防宣传培训教育能力。

评分标准：答对①~④各占 25%。

10. BG02 消防安全管理的"五个第一时间"内容是什么？

答：① 第一时间发现火情；② 第一时间报警；③ 第一时间扑救初起火灾；④ 第一时间启动消防设施；⑤ 第一时间组织人员疏散。

评分标准：答对①~⑤各占 20%。

11. BH01 在工程项目正式实施前，应对施工方编写哪些资料进行书面审查？

答：在工程项目正式实施前，安全工程师组织站长、相关专业工程师、施工方、作业涉及相关方，对照施工方编写的① 施工方案；② 动火方案；③ HSE 作业计划书；④ 开工报告；⑤ 应急程序及预案等进行书面审查，对审查发现的问题，要求施工方进行整改完善。

评分标准：答对①~⑤各占 20%。

12. BH03 输油气站场可产生油、气的封闭空间主要有哪些？

答：① 天然气压缩厂房；② 输油泵房；③ 计量间；④ 阀室；⑤ 储罐内等场所。

评分标准：答对①~⑤各占 20%。

13. BI02 安全检查的形式分为哪几种？

答：① 定期检查；② 不定期检查；③ 专业性检查；④ 日常检查。

评分标准：答对①~④各占 25%。

14. BJ01 环境突发事件总体分级一般分为几级？

答：突发事件总体分级一般分为① 三级：② Ⅰ级事件(集团公司级)；③ Ⅱ级事件(管道公司级)；④ Ⅲ级事件(分公司级)。

评分标准：答对①~④各占 25%。

15. BJ01 应急处置应坚持什么工作方针？

答：应急处置应坚持"① 早发现；② 早处置；③ 早控制；④ 早报告"工作方针。

评分标准：答对①~④各占 25%。

16. BK01 事故汇报的基本内容有哪些？

答：① 事故发生单位概况；② 事故发生的时间、地点以及事故现场情况；③ 事故的简要经过；④ 事故已经造成或者可能造成的伤亡人数(包括下落不明的人数)和初步估计的直接经济损失；⑤ 已经采取的措施；⑥ 其他应当报告的情况。

评分标准：答对①~④各占 20%，答对⑤⑥各占 10%。

17. BK03 开展安全经验分享的时机、时间和表现形式？

答：① 每次会议、培训之前进行；② 提前将安全经验分享列入会议议程或培训计划中；③ 每次开展安全经验分享时间以 5~10min 为宜；④ 安全经验分享的形式为结合文字、图像或影像资料讲述、口头直接讲述等。

评分标准：答对①~④各占 25%。

初级资质工作任务认证

初级资质工作任务认证要素明细表

模块	代码	工作任务	认证要点	认证形式
一、风险隐患管理	S/W-AQ-01-C01	危害因素管理	危害因素汇总上报	步骤描述
	S/W-AQ-01-C02	事故隐患管理	隐患台账管理与维护	步骤描述
	S-AQ-01-C03	重大危险源监督	重大危险源辨识与申报	步骤描述
	S/W-AQ-01-C04	危险化学品管理	危险化学品识别和登记	步骤描述
二、安全目视化管理	S-AQ-02-C01	安全标识管理	安全标识配置标准及检查要求	步骤描述
	S-AQ-02-C02	应急救生设施管理	救生设施配备标准及检查要求	步骤描述
三、安全环保教育	S/W-AQ-03-C01	安全环保主题活动	组织开展安全月、质量月等专项主题活动	步骤描述
	S/W-AQ-03-C03	安全活动	组织开展安全活动	步骤描述
	S-AQ-03-C04	进站安全管理	进站人员及车辆安全管理	步骤描述
四、职业健康管理	S/W-AQ-04-C01	职业健康体检及监测	职业健康体检及监测	步骤描述
	S/W-AQ-04-C02	员工保健津贴	员工保健津贴的统计	步骤描述
	S/W-AQ-04-C03	劳保用品管理	劳动防护用品台账	步骤描述
五、环境保护管理	S-AQ-05-C01	环境监测	建立环境污染物台账	步骤描述
	S-AQ-05-C02	污染源管理和排放控制	监督污染物排放达标	步骤描述
	S-AQ-05-C03	环保设施运行监督	监督环保设施的运行状况	步骤描述
	S-AQ-05-C04	固体废物管理及处置	建立固体废弃物台账	步骤描述
	S/W-AQ-05-C05	绿色基层站(队)建设	填写绿色基层站(队)评选活动申报资料	步骤描述
六、交通安全管理	S/W-AQ-06-C01	违章行为监督检查	驾驶员不安全行为监督及统计分析	步骤描述
	S/W-AQ-06-C02	机动车检查及安全教育	(1)机动车安全检查; (2)驾驶员安全培训	步骤描述
	S/W-AQ-06-C03	车辆运行监督管理	机动车运行监督检查	步骤描述
七、消防安全管理	S/W-AQ-07-C01	消防设备设施及器材管理	消防设备设施及器材台账管理	步骤描述
	S-AQ-07-C02	志愿消防队管理	防火重点部位管理	步骤描述
	S-AQ-07-C03	站队消防设施检测	消防设施检测	步骤描述
	S/W-AQ-07-C04	可燃和有毒气体检测报警器管理	可燃和有毒气体检测报警器台账管理	步骤描述

续表

模块	代码	工作任务	认证要点	认证形式
八、施工安全管理	S-AQ-08-C01	施工准备	开工报告的办理	步骤描述
	W-AQ-08-C01	施工准备	开工报告的申请	步骤描述
	S-AQ-08-C02	现场安全监护	作业现场安全监护	步骤描述
	W-AQ-08-C02	现场安全监护	作业现场安全监护	步骤描述
	S-AQ-08-C03	动火作业管理	动火作业现场管理	步骤描述
	W-AQ-08-C03	动火作业管理	动火作业现场管理	步骤描述
九、安全检查	S/W-AQ-09-C01	安全检查	定期安全检查	步骤描述
十、应急管理	S/W-AQ-10-C01	应急预案编制	应急预案的编制修订	步骤描述
	S/W-AQ-10-C02	应急演练	应急预案演练	步骤描述
十一、事故事件管理	S/W-AQ-11-C01	事故上报	事故报告流程	步骤描述
	S/W-AQ-11-C03	安全经验分享	开展安全经验分享	步骤描述
十二、HSE信息系统	S/W-AQ-12-C01	HSE信息系统	HSE信息系统填报	系统操作

初级资质工作任务认证试题

一、S/W-AQ-01-C01 危害因素管理——危害因素汇总上报

1. 考核时间：20 min。
2. 考核方式：步骤描述。
3. 考核评分表。

考生姓名：_____ 单位：_____

序号	工作步骤	工作标准	配分	评分标准	扣分	得分	考核结果
1	危害因素识别	① 组织站队各专业技术员、岗位操作员工，依据② 安全、③ 环境、④ 职业健康三种危害因素排查表进行识别	40	①~④，缺少一项描述扣10分			
2	风险评价	① 依据矩阵法对每一项因素进行风险评价；② 汇总形成三种危害因素清单	20	①②，缺少一项描述扣10分			
3	因素清单上报	① 将站队危害因素风险评价清单上报安全科；② 描述站队主要危害因素、风险级别	40	①②，缺少一项描述，扣20分			
	合计		100				

考评员　　　　　　　　　　　　　　　　　　　　　　　年　　月　　日

二、S/W-AQ-01-C02 事故隐患管理——隐患台账管理与维护

1. 考核时间：20 min。
2. 考核方式：步骤描述。
3. 考核评分表。

考生姓名：_____ 单位：_____

序号	工作步骤	工作标准	配分	评分标准	扣分	得分	考核结果
1	隐患排查	隐患排查方式包括： ① 危害因素识别与评价； ② 各级 HSE 检查； ③ 岗位员工隐患排查； ④ 事故分析； ⑤ 专项风险评价与隐患排查	50	缺少一项扣10分			

序号	工作步骤	工作标准	配分	评分标准	扣分	得分	考核结果
2	建立隐患管理台账	隐患台账主要内容包括： ① 隐患名称； ② 隐患描述； ③ 风险排序； ④ 整改与控制措施； ⑤ 实施单位负责人； ⑥ 督办控制部门； ⑦ 完成情况、进展或预计完成时间，等	30	缺少一项扣5分，直至扣完			
3	定期更新	① 根据隐患治理与整改情况，每月更新台账； ② 报安全科	20	缺少一项扣10分			
	合计		100				

考评员   年   月   日

三、S-AQ-01-C03 重大危险源监督——重大危险源辨识与申报

1. 考核时间：20 min。
2. 考核方式：步骤描述。
3. 考核评分表。

考生姓名：_____   单位：_____

序号	工作步骤	工作标准	配分	评分标准	扣分	得分	考核结果
1	重大危险源辨识	①重大危险源辨识方法分为两类，危险化学品重大危险源和特种设备类重大危险源； ②危险化学品重大危险源根据危险化学品的临界量确定； ③危险化学品为多品，需要根据公式计算确定； ④锅炉、压力容器、压力管道类特种设备根据标准判定	50	答对每条各得10分			
2	重大危险源报备	①根据地方安全生产监督管理部门要求准备报备资料。 资料主要有： ②辨识、分级记录；	50	缺少一项扣5分			

137

续表

序号	工作步骤	工作标准	配分	评分标准	扣分	得分	考核结果
2	重大危险源报备	③重大危险源基本特征表； ④涉及的所有化学品安全技术说明书； ⑤区域位置图、平面布置图、工艺流程图和主要设备一览表； ⑥重大危险源安全管理规章制度及安全操作规程； ⑦安全监测监控系统、措施说明、检测、检验结果； ⑧重大危险源事故应急预案、评审意见、演练计划和评估报告； ⑨重大危险源关键装置、重点部位的责任人、责任机构名称； ⑩安全评估报告或者安全评价报告	50	缺少一项扣5分			
	合计		100				

考评员 _____   年   月   日

四、S/W-AQ-01-C04 危险化学品管理——危险化学品识别和登记

1. 考核时间：20 min。
2. 考核方式：步骤描述。
3. 考核评分表。

考生姓名：_____   单位：_____

序号	工作步骤	工作标准	配分	评分标准	扣分	得分	考核结果
1	危险化学品辨识	以危险化学品以国家发布的最新《危险化学品名录》为准	10	描述不清扣10分			
2	建立危险化学品管理台账	台账主要有三个表，包括： ① 危险化学品清单； ② 危险化学品入库台账； ③ 危险化学品发放(领用)记录三个表； ④ 危险化学品清单主要内容有：危险化学品名称、使用及存储场所、主要危险性能； ⑤ 危险化学品入库台账主要内容有：日期、品名、规格、数量、交(提)货人、验货人； ⑥ 危险化学品发放(领用)记录主要内容有：日期、品名、规格、数量、用途、发放人、领用人、批准人	90	①~③缺一项，扣20分，④~⑥每项描述不清扣10分			
	合计		100				

考评员 _____   年   月   日

五、S-AQ-02-C01 安全目视化管理——安全标识配置标准及检查要求

1. 考核时间：20 min。
2. 考核方式：步骤描述。
3. 考核评分表。

考生姓名：＿＿＿＿＿＿＿＿＿＿　　　　　　　　　　单位：＿＿＿＿＿＿＿＿＿＿

序号	工作步骤	工作标准	配分	评分标准	扣分	得分	考核结果
1	确定站队重点要害区域应设置安全标识	站队重点要害区域包括： ① 储油罐区； ② 输油泵房； ③ 加热炉区； ④ 压缩机房； ⑤ 阀组及工艺区； ⑥ 收发清管器； ⑦污油罐处； ⑧变电所； ⑨主变压器区； ⑩站队门口。安全标识设置遵守管道公司《安全目视化技术手册》	50	①~⑩缺一项扣5分			
2	对安全标识定期进行检查	对各个岗位的安全标识及救生设施的① 配置数量和② 完好有效性进行监督检查。检查标准依据《基层站队安全警示、救生设施配置管理规定》及《安全目视化技术手册》	50	简述站队内安全标识和救生设施的检查内容，至少5项，缺少一项扣10分			
	合计		100				

考评员　　　　　　　　　　　　　　　　　　　　　　年　　月　　日

六、S-AQ-02-C02 安全目视化管理——应急救生设施配置标准及检查要求

1. 考核时间：20 min。
2. 考核方式：步骤描述。
3. 考核评分表。

考生姓名：＿＿＿＿＿＿＿＿＿＿　　　　　　　　　　单位：＿＿＿＿＿＿＿＿＿＿

序号	工作步骤	工作标准	配分	评分标准	扣分	得分	考核结果
1	确定站队应配备救生设施	站队救生设施包括： ① 站场风向标； ② 紧急警报系统； ③ 应急广播系统； ④ 应急逃生门； ⑤ 应急医疗设施。配备标准遵照管道公司体系文件《基层站队安全警示、救生设施配置管理规定》	50	①~⑤缺一项扣10分			

续表

序号	工作步骤	工作标准	配分	评分标准	扣分	得分	考核结果
2	对救生设施定期进行检查	对各个岗位的救生设施的①配置数量和②完好有效性进行监督检查。检查标准依据《基层站队安全警示、救生设施配置管理规定》及《安全目视化技术手册》	50	简述站队内安全标识和救生设施的检查内容，至少5项，缺少一项扣10分			
	合计		100				

考评员　　　　　　　　　　　　　　　　　　　　　　　　　　　　　年　　月　　日

七、S/W-AQ-03-C01 安全环保主题活动——组织开展安全月、质量月日等专项主题活动

1. 考核时间：20 min。

2. 考核方式：步骤描述。

3. 考核评分表。

考生姓名：_____　　　　　　　　　　　　单位：_____

序号	工作步骤	工作标准	配分	评分标准	扣分	得分	考核结果
1	组织编写活动方案	根据要求开展有针对性的方案编制。方案编制应包括计划开展的时间、地点、主要活动方式	20	未按要求组织编写站队活动实施方案不得分。活动方案编制不具体扣5分			
2	传达开展活动通知	根据公司开展活动要求，通过站务会或电话等方式，将安全月、质量月、环境日等专项主题活动进行传达	10	未将开展活动要求进行传达扣10分			
3	按期开展各项活动	按照活动计划定期组织员工开展活动	40	未按照活动方案组织站队员工开展各项活动不得分			
4	形成活动总结按时上报	按时将活动开展情况进行总结和上报	30	未按时上报活动总结不得分			
	合计		100				

考评员　　　　　　　　　　　　　　　　　　　　　　　　　　　　　年　　月　　日

八、S/W-AQ-03-C03 安全活动——组织开展安全活动

1. 考核时间：20 min。

2. 考核方式：步骤描述。

3. 考核评分表。

考生姓名：_____　　　　　　　　　　　　　单位：_____

序号	工作步骤	工作标准	配分	评分标准	扣分	得分	考核结果
1	根据要求制订站队、班组安全活动计划	制订站队、班组每月安全活动计划。站队每月一次，班组每周一次	40	活动计划频次不符合要求扣10分			
2	组织开展安全活动	每次活动时间不应少于1 h。活动应严格考勤制度，不得无故缺席。对缺席者要进行补课并记录。所有站队长每月至少参加一次班组安全活动	60	安全活动时间不够扣5分，缺席者未进行监督补课扣5分，站队长未参加活动扣5分			
	合计		100				

考评员　　　　　　　　　　　　　　　　　　　　　　　年　　月　　日

九、S-AQ-03-C04 进站安全管理——进站人员及车辆安全管理

1. 考核时间：20min。
2. 考核方式：步骤描述。
3. 考核评分表。

考生姓名：_____　　　　　　　　　　　　　单位：_____

序号	工作步骤	工作标准	配分	评分标准	扣分	得分	考核结果
1	进站人员安全教育	监督外来人员进站之前的安全教育，在进行安全消项确认后方可入站	30	未进行教育此项不得分			
2	进站人员安全检查	① 进站人员劳保着装必须符合规定要求； ② 随身携带的打火机、火柴等火种进站前必须交由指定人员保存； ③ 携带易燃、易爆及其他危险品的人员进站前进行妥善处置； ④ 随身携带的手机在进入生产区域前必须关机	40	缺少一项扣10分			
3	进站车辆安全管理	进入站场的车辆实行审批制度，未经批准的车辆一律不得进入站内	30	未执行要求此项不得分			
	合计		100				

考评员　　　　　　　　　　　　　　　　　　　　　　　年　　月　　日

十、S/W-AQ-04-C01 职业健康体检及监测——职业健康体检及监测

1. 考核时间：20 min。

2. 考核方式：步骤描述。

3. 考核评分表。

考生姓名：_____   单位：_____

序号	工作步骤	工作标准	配分	评分标准	扣分	得分	考核结果
1	识别接害岗位人员	按《员工健康监护管理规定》要求，对所属站队接触职业危害岗位人员进行确定，岗位如下：① 运行岗；② 计量岗；③ 电焊岗；④ 热媒炉、锅炉岗；⑤ 司机；⑥ 电工；⑦高处作业人员等	20	少识别一项扣5分			
2	根据识别出的接害岗位人员编制体检计划	按《员工健康监护管理规定》中相关要求，编制体检计划并录入HSE信息系统	30	未录入信息系统扣20分			
3	组织健康体检	根据分公司计划安排，组织员工参加健康体检，体检周期如下：①接触硫化氢人员1年；②接触汽油人员1年；③接触噪声人员1年；④接触无机粉尘人员2年；⑤电工2年；⑥压力容器操作人员3年；⑦高处作业人员2年；⑧司机1年	10	体检周期错误扣5分，未组织扣10分			
4	体检结果反馈及分析	检查结果及时反馈到员工本人。体检中发现可疑职业病例，需提交职业病诊断机构进行诊断。应有检查结果告知记录及处理结果记录	20	未反馈给员工扣10分，未对疑似病例进行复诊扣10分			
5	根据体检结果建立完善职业健康档案	按职业病防治法要求，建立员工职业健康档案、本站队职业健康档案，将体检结果录入HSE信息系统。档案建立应符合《职业健康管理程序》要求	20	职业健康档案格式错误扣10分，未录入信息系统扣10分			
	合计		100				

考评员   年   月   日

十一、S/W-AQ-04-C02 员工保健津贴——员工保健津贴统计

1. 考核时间：20 min。

2. 考核方式：步骤描述。

3. 考核评分表。

考生姓名：_____　　　　　　　　　　　　　单位：_____

序号	工作步骤	工作标准	配分	评分标准	扣分	得分	考核结果
1	确定保健津贴发放范围	描述保健津贴发放范围，常见发放范围包括： ① 乙类，电、气焊及有色金属焊接工；喷漆操作人员；油罐清洗作业人员；除锈操作人员；下水道维修清理人员；加热炉、热媒炉、燃煤炉等炉内清灰。 ② 丙类，压缩机组操作工、输气工，作业现场中每立方米含硫10mg以上(含10mg)；压缩机组、输油泵机组、过滤器维修人员；锅炉工(高温季节享受)；油漆操作人员；与电、气焊工配合作业的管工、钳工；管道施工现场防腐补口人员；栈桥装卸油作业人员；清蜡通球清洗操作人员；封堵操作人员；上罐检尺的输油工；焊接电缆头人员；汽油保管、加油人员；从事有毒有害物质化验人员；降凝剂加剂人员；每日接触噪声超过国家《工业企业噪声卫生标准》的人员；复印机室专职复印人员	50	缺少一项扣3分			
2	发放保健津贴	描述核发频次： ① 从事放射性工作人员按月计发，当月未接触放射性工作者不发。 ② 其他工种一律按从事有害健康实际工作日计发；如何计算时间，计算方法。 ③ 从事有害健康作业连续4h以上者，按一天计算，不足4h者，不予计算。 发放审批步骤： 基层单位、部门按月申报，各级安全部门、人事部门审查，财务部门发放	50	能清楚描述核发频次、如何计算时间，描述不清一项扣10分			
	合计		100				

考评员　　　　　　　　　　　　　　　　　　　　　　年　　月　　日

十二、S/W-AQ-04-C03 劳保用品管理——劳动防护用品台账

1. 考核时间：20 min。
2. 考核方式：步骤描述。
3. 考核评分表。

考生姓名：＿＿＿＿＿＿＿＿＿＿＿＿　　　　　单位：＿＿＿＿＿＿＿＿＿＿

序号	工作步骤	工作标准	配分	评分标准	扣分	得分	考核结果
1	建立劳保用品管理台账	掌握劳动防护用品台账内容，包括： ① 劳动用品卡片； ② 劳动防护用品发放表； ③ 劳动防护设施检验、更新情况表； ④ 劳动防护用品个人使用情况调查表； ⑤ 劳动防护用品总体使用情况分析表； ⑥ 劳动防护用品识别表	25	简述劳动防护用品台账主要包含的表格，少描述一样表格扣10分			
2	配发劳保用品	掌握一般劳动防护用品使用有效期： ① 安全帽30个月； ② 工作服基层岗位春秋、夏季工装一般为1年、冬装为2年； ③ 工作鞋一般为1年	25	描述有效期错误扣5分			
3	监督检查劳动防护用品的使用情况	根据《劳动防护用品使用及管理规定》，监督站队劳动防护用品的使用	50	使用方式描述错误扣10分			
	合计		100				

考评员　　　　　　　　　　　　　　　　　　　　年　　月　　日

十三、S-AQ-05-C01 环境监测——建立环境污染物台账

1. 考核时间：20 min。
2. 考核方式：步骤描述。
3. 考核评分表。

考生姓名：＿＿＿＿＿＿＿＿＿＿＿＿　　　　　单位：＿＿＿＿＿＿＿＿＿＿

序号	工作步骤	工作标准	配分	评分标准	扣分	得分	考核结果
1	识别所属站队环境风险	掌握所属站队环境风险及主要污染源，如下： ① 锅炉热媒炉超标排放； ② 噪声超标； ③ 原油泄漏； ④ 危险废弃物泄漏、失控； ⑤ 污水排放超标； ⑥ 其他	30	能准确描述所属单位目前存在的环境风险及站内主要污染源，少描述1项扣5分			

续表

序号	工作步骤	工作标准	配分	评分标准	扣分	得分	考核结果
2	识别所属站队重要环境风险	掌握所属站队漏大环境风险： ① 原油泄漏； ② 危险废弃物泄漏、失控。相应控制措施： ① 制订应急预案； ② 定期排查整改隐患； ③ 加强环境保护知识及技能教育； ④ 危险作业办理作业许可，并现场监护； ⑤ 明确责任人等	50	能准确描述所属单位重大环境风险，少描述1项扣10分。 能准确描述相应控制措施，缺一项扣6分			
3	定期编制上报环境报表	① 每月定期统计污染物排放情况，编制上报环境报表； ② 次月5日前在HSE信息系统上报环境月报表	20	缺少一项扣10分			
		合计	100				

考评员　　　　　　　　　　　　　　　　　　　　　　　　　　　　　年　　月　　日

十四、S-AQ-05-C02 污染源管理和排放控制——监督污染物排放达标

1. 考核时间：20 min。
2. 考核方式：步骤描述。
3. 考核评分表。

考生姓名：_____　　　　　　　　　　　　　单位：_____

序号	工作步骤	工作标准	配分	评分标准	扣分	得分	考核结果
1	组织或配合污染源监测	了解所属站队污染源种类，掌握所属站队污染源监测点位，如下： ① 输油泵房； ② 发电机房； ③ 锅炉、热媒炉； ④ 污水排放口； ⑤ 废气排放口等	50	能准确回答所涉及污染源种类，少答1项扣10分；准确回答出污染源监测点位，少答1项扣10分			
2	监督污染物排放达标	了解污染物排放标准，如下： ① 废水三级排放标准(pH值为6~9，COD500mg/L，石油类20mg/L，悬浮物400mg/L，硫化物1.0mg/L)； ② 燃油锅炉热媒炉废气排放标准(颗粒物60mg/m³，二氧化硫300mg/m³，氮氧化物400mg/m³，林格曼黑度1级)； ③ 地点噪声[85 db(A)]。监督污染治理设施正常运行，并定期填报HSE信息系统，填报周期为每季度末	50	答错一项扣10分			
		合计	100				

考评员　　　　　　　　　　　　　　　　　　　　　　　　　　　　　年　　月　　日

十五、S-AQ-05-C03 环保设施运行监督——监督环保设施的运行状况

1. 考核时间：20 min。
2. 考核方式：步骤描述。
3. 考核评分表。

考生姓名：_____　　　　　　　　　　单位：_____

序号	工作步骤	工作标准	配分	评分标准	扣分	得分	考核结果
1	识别站内环保设施	一般环保设施主要包括：防火堤、污水排放系统、污油池、除尘系统、消防应急池等	50	少答 1 项扣 10 分			
2	监督防火堤、污水排放系统、污油池等运行状况	监督防火堤、污水排放系统、污油池等运行状况，包括：①定期开展检查并形成检查记录；②检查出问题应还应及时整改	50	少答 1 项扣 10 分，防火堤、污水排放系统、污油池等 3 项检查内容少描述一项扣 10 分。			
	合计		100				

考评员　　　　　　　　　　　　　　　　　　　　　　　年　　月　　日

十六、S-AQ-05-C04 固体废物管理及处置——建立固体废弃物台账

1. 考核时间：20 min。
2. 考核方式：步骤描述。
3. 考核评分表。

考生姓名：_____　　　　　　　　　　单位：_____

序号	工作步骤	工作标准	配分	评分标准	扣分	得分	考核结果
1	统计危废等固体废弃物产生量和处置情况	根据输油气站库环境保护管理规定要求，对危险废弃物产生量和处置情况进行统计，需形成如下记录：①含油污水处理记录；②危险、有害废弃物回收、处理记录；③处置过程产生的证据性材料	50	掌握统计方法，答错扣 10 分			
2	建立台账	掌握台账内容、定期更新 HSE 信息系统	50	描述台账内容，定期更新 HSE 信息系统，答错 1 项扣 10 分			
	合计		100				

考评员　　　　　　　　　　　　　　　　　　　　　　　年　　月　　日

十七、S/W-AQ-05-C05 绿色基层站（队）建设——填写绿色基层站（队）评选活动申报资料

1. 考核时间：20 min。

2. 考核方式：步骤描述。

3. 考核评分表。

考生姓名：_____   单位：_____

序号	工作步骤	工作标准	配分	评分标准	扣分	得分	考核结果
1	掌握绿色站队申报条件	掌握绿色站队申报所需条件；对已获得绿色基层站（队）称号的基层单位每三年进行一次复核	50	描述绿色站队申报所需条件，答错不得分			
2	汇总资料填写申报	掌握绿色站队申报所需资料的内容；管道公司绿色基层站（队）申报审批表	50	描述绿色站队申报所需资料的内容			
	合计		100				

考评员　　　　　　　　　　　　　　　　　　　年　　月　　日

十八、S/W-AQ-06-C01 违章行为监督检查——驾驶员不安全行为监督及统计分析

1. 考核时间：20 min。

2. 考核方式：步骤描述。

3. 考核评分表。

考生姓名：_____   单位：_____

序号	工作步骤	工作标准	配分	评分标准	扣分	得分	考核结果
1	驾驶员不安全行为监督	驾驶员不安全行为包括： ① 无证驾驶； ② 超速驾车； ③ 酒后驾车； ④ 疲劳驾车； ⑤ 不系安全带； ⑥ 违反交通信号； ⑦ 争道抢行； ⑧ 超员超载驾车； ⑨ 带病驾车； ⑩ 接打手机等妨碍安全驾驶行为	80	①～⑩缺一项，扣8分			
2	驾驶员不安全行为统计分析	① 建立驾驶员管理台账； ② 建立驾驶员监督考核作业指导书； ③ 定期对交通违章与交通事故进行分析； ④ 制订预防措施	20	①～④每项描述不清，扣5分			
	合计		100				

考评员　　　　　　　　　　　　　　　　　　　年　　月　　日

十九、S/W-AQ-06-C02-01 机动车检查及安全教育——机动车安全检查

1. 考核时间：20 min。

2. 考核方式：步骤描述。

3. 考核评分表。

考生姓名：_____　　　　　　　　　　　单位：_____

序号	工作步骤	工作标准	配分	评分标准	扣分	得分	考核结果
1	驾驶员不安全行为监督	机动车安全检查项目：①卫生；②机油；③防冻液/制动液；④电路；⑤发动机；⑥雨刮器；⑦灯光、⑧制动器；⑨仪表盘；⑩轮胎；⑪油箱状态；⑫车牌/证件；⑬随车工；⑭GPS车载终端；⑮安全带；⑯防盗装置	80	①~⑯缺一项扣5分			
2	整改检查发现问题隐患	①针对检查发现隐患，制订整改措施；②对整改结果进行复查	20	①~②每项描述不清，扣5分			
	合计		100				

考评员　　　　　　　　　　　　　　　　　　年　月　日

二十、S/W-AQ-06-C02-02 机动车检查及安全教育——驾驶员安全培训

1. 考核时间：20 min。
2. 考核方式：步骤描述。
3. 考核评分表。

考生姓名：_____　　　　　　　　　　　单位：_____

序号	工作步骤	工作标准	配分	评分标准	扣分	得分	考核结果
1	组织驾驶员培训	对驾驶员的培训应有：①培训计划；②培训教案；③培训考核记录	70	①~⑩缺一项，扣7分			
1	组织驾驶员培训	培训内容包括：④交通安全法律法规规定及上级主管部门的通报；⑤交通安全常识；⑥交通运输风险管理知识；⑦安全驾驶技术；⑧车辆机械常识；⑨职业道德教育；⑩交通事故案例等	70	①~⑩缺一项，扣7分			
2	组织乘员安全教育	安全教育内容包括：①不携带易燃易爆、有毒有害危险物品；②按照要求系安全带；③不与驾驶员闲谈或打闹，妨碍驾驶员安全行驶；④不将肢体伸出车外；⑤未停稳前，不上下车；⑥遇见其他突发事件，沉着冷静，服从司乘人员指挥离车或采取其他处置措施	30	①~②每项描述不清，扣5分			
	合计		100				

考评员　　　　　　　　　　　　　　　　　　年　月　日

二十一、S/W-AQ-06-C03 车辆运行监督管理——机动车运行的监督检查

1. 考核时间：20 min。
2. 考核方式：步骤描述。
3. 考核评分表。

考生姓名：_____ 单位：_____

序号	工作步骤	工作标准	配分	评分标准	扣分	得分	考核结果
1	检查出车路单	①检查出车是否经过审批；②车辆是否按规定路线行驶	20	①~④缺一项扣5分			
2	检查"三交一封"	节假日除生产生活值班车辆外，其他车辆一律实行"三交一封"，交①车辆钥匙；②行驶证；③准驾证；④封存车辆	20	①~④缺一项扣5分			
3	检查车辆三检制	(1) 出车前应对下列各项进行检查：① 检查油量、水量、机油量；② 喇叭、灯光、刮水器、后视镜、牌照；③ 轮胎气压、钢圈；④ 检视各种仪表；(2) 车辆行驶中应对下列各项进行检查：⑤ 检视各种仪表；⑥ 检视手、脚制动器；⑦ 注意发动机及传动系统有无异响和异常气味；⑧ 用途中停车时间，检查有无漏油、漏水、漏气；(3) 车辆返回后应对下列各项进行检查：⑨ 检查润滑油、燃料；⑩ 检查轮胎与钢圈；⑪ 检查制动系油、气管及接头处；⑫ 发动机熄火后，检查有无漏电现象	60	①~⑫缺一项扣5分			
		合计	100				

考评员 年 月 日

二十二、S/W-AQ-07-C01 消防设备设施及器材管理——消防设备设施及器材台账管理

1. 考核时间：20 min。
2. 考核方式：步骤描述。
3. 考核评分表。

考生姓名：_____　　　　　　　　　　　　单位：_____

序号	工作步骤	工作标准	配分	评分标准	扣分	得分	考核结果
1	消防设备设施识别	① 建筑防火及安全疏散类：防火门、防火窗、防火卷帘； ② 消防给水类：消防水罐、消防栓、管网阀门、稳压设施、消防水泵； ③ 防排烟设施类：风机、排烟口、防火阀； ④ 电气和通信类：消防电源、自备发电机、应急照明、疏散指示标志、广播系统； ⑤ 自动喷淋灭火系统类：喷头、排气装置； ⑥ 火灾自动报警系统类：各类火灾报警探测器、各级报警控制器； ⑦ 低倍数泡沫灭火系统类：泡沫消防泵、比例混合装置、泡沫罐、泡沫产生器； ⑧ 安全附件：大罐呼吸阀、阻火器、安全阀等	40	①~⑧缺一项扣5分			
2	消防器材识别	① 泡沫液；② 灭火器；③ 消防桶；④ 消防锹；⑤ 消防斧；⑥ 消防扳手；⑦消防水带；⑧消防水（泡沫）枪；⑨消防砂；⑩灭火毯等	50	①~⑩缺一项扣5分			
3	建立台账	台账应包括以下内容：①名称；②数量；③规格；④位置；⑤检验周期；⑥检测结果等内容	10	①~⑥描述不清，扣2分			
	合计		100				

考评员　　　　　　　　　　　　　　　　　　　　　　年　　月　　日

二十三、S-AQ-07-C02 志愿消防队管理——防火重点部位管理

1. 考核时间：20 min。
2. 考核方式：步骤描述。
3. 考核评分表。

考生姓名：_____　　　　　　　　　　　　单位：_____

序号	工作步骤	工作标准	配分	评分标准	扣分	得分	考核结果
1	确定重点消防单位	① 三级以上站库，为管道公司消防重点单位； ② 站库等级划分依据最新版GB 50183《石油天然气工程设计防火规范》	40	①②缺一项，扣20分			

序号	工作步骤	工作标准	配分	评分标准	扣分	得分	考核结果
2	制防火重点部位图	① 绘制站场防火重点部位图； ② 确定各部位火灾危险性； ③ 火灾危险性分类依据最新版GB 50183《石油天然气工程设计防火规范》	60	①～③缺一项，扣20分			
	合计		100				

考评员　　　　　　　　　　　　　　　　　　　　　　　　　年　　月　　日

二十四、S-AQ-07-C03 消防设施检测——消防设施检测

1. 考核时间：20 min。
2. 考核方式：步骤描述。
3. 考核评分表。

考生姓名：_____　　　　　　　　　单位：_____

序号	工作步骤	工作标准	配分	评分标准	扣分	得分	考核结果
1	配合资质单位进行消防检测	检测范围包括： ① 火灾探测系统； ② 报警控制系统； ③ 消防给水系统； ④ 自动喷淋系统； ⑤ 泡沫灭火系统； ⑥ 消防供配电设施； ⑦ 应急照明和疏散指示标识； ⑧ 应急广播系统等。检测方法标准依据最新版《油库消防设施检测技术规范》	80	①～⑧缺一项扣10分			
2	整改检测发现问题隐患	① 针对检测发现问题，制订整改措施； ② 整改后由检测单位重新进行检测	20	①②每项描述不清，扣10分			
	合计		100				

考评员　　　　　　　　　　　　　　　　　　　　　　　　　年　　月　　日

二十五、S/W-AQ-07-C04 可燃和有毒气体检测报警器管理——可燃和有毒气体检测报警器台账管理

1. 考核时间：20 min。
2. 考核方式：步骤描述。
3. 考核评分表。

考生姓名：_____   单位：_____

序号	工作步骤	工作标准	配分	评分标准	扣分	得分	考核结果
1	可燃和有毒气体检测报警器配置标准	可燃和有毒气体检测报警器包括： ① 便携式可燃气体报警器； ② 便携式可燃气体检测仪； ③ 便携式氧含量检测仪； ④ 便携式硫化氢检测仪； ⑤ 固定式可燃气体报警器。配置标准依据管道公司体系文件《可燃和有毒气体检测报警器管理规定》	50	①~⑤缺一项扣10分			
2	建立可燃和有毒气体检测报警器台账	台账应包括以下内容： ① 名称； ② 型号； ③ 位置； ④ 检定周期； ⑤ 检验结果等内容	50	①~⑤缺一项扣10分			
	合计		100				

考评员   年   月   日

二十六、S-AQ-08-C01 施工准备——开工报告的办理

1. 考核时间：20 min。
2. 考核方式：步骤描述。
3. 考核评分表。

考生姓名：_____   单位：_____

序号	工作步骤	工作标准	配分	评分标准	扣分	得分	考核结果
1	书面审查	① 组织站长、相关专业工程师、施工方、作业涉及相关方，对照施工方编写的施工方案、动火方案、HSE 作业计划书、开工报告、应急程序及预案等进行书面审查； ② 对审查发现的问题，要求施工方按照要求进行整改完善	60	缺少一项扣30分			
2	办理开工报告	① 核实施工作业现场准备情况，是否满足开工条件； ② 开工手续是否齐全； ③ 办理开工报告	40	缺少一项扣10分			
	合计		100				

考评员   年   月   日

二十七、W-AQ-08-C01 施工准备——开工报告的申请

1. 考核时间：20 min。
2. 考核方式：步骤描述。

3. 考核评分表。

考生姓名：_____   单位：_____

序号	工作步骤	工作标准	配分	评分标准	扣分	得分	考核结果
1	编写方案	对照设计图纸、技术方案和建设单位要求，组织相关人员编写① 施工方案；② 动火方案；③ HSE 作业计划书；④ 开工报告；⑤ 应急程序及预案	50	少编写一项扣 10 分			
2	接受书面审查	组织相关人员对建设单位审查发现的问题，按照要求进行整改完善	20	未执行要求此项不得分			
3	办理开工报告	① 核实施工作业现场准备情况，满足开工条件；② 开工手续办理齐全；③ 向建设单位申请办理开工报告	30	缺少一项扣 10 分			
	合计		100				

考评员   年   月   日

二十八、S-AQ-08-C02 现场安全监护——作业现场安全监护

1. 考核时间：20 min。
2. 考核方式：步骤描述。
3. 考核评分表。

考生姓名：_____   单位：_____

序号	工作步骤	工作标准	配分	评分标准	扣分	得分	考核结果
1	现场核实	核实施工作业现场准备情况：① 是否满足开工条件；② 开工手续是否齐全；③ 确认各项安全措施的落实情况	30	缺一项扣 10 分			
2	HSE 监督检查	① 加强现场的 HSE 管理，每 24h 至少到现场进行一次 HSE 检查；② 发现问题反馈给主管部门和施工单位；③ 督促现场整改；④ 填写《作业现场 HSE 检查清单》	40	缺一项扣 10 分			
3	HSE 会议	定期召开 HSE 会议，对 HSE 控制措施落实情况和阶段控制重点进行沟通，做好记录	10	未进行此项不得分			
4	应急管理	对承包方的应急程序、预案要进行审查，必要时进行整改、完善	20	未进行此项不得分			
	合计		100				

考评员   年   月   日

二十九、W-AQ-08-C02 现场安全监护——作业现场安全监护

1. 考核时间：20min。
2. 考核方式：步骤描述。
3. 考核评分表。

考生姓名：_____ 单位：_____

序号	工作步骤	工作标准	配分	评分标准	扣分	得分	考核结果
1	现场核实	组织相关人员做好作业现场施工准备，需①满足开工条件；②开工手续齐全；③确认各项安全措施的落实	30	缺一项扣10分			
2	监督检查	按《HSE监督检查管理程序》中相关要求，①负责施工现场的安全监护；②落实施工方案的安全措施	20	缺一项扣10分			
3	配合检查	按照建设单位计划安排，配合对作业现场的安全检查	10	未进行此项不得分			
4	参加HSE会议	①参加建设单位召开的HSE会议，对②HSE控制措施落实情况和③阶段控制重点进行沟通	30	缺一项，扣20分			
5	问题整改	按照要求，对建设单位检查提出的问题进行整改落实	10	缺一项，扣20分			
	合计		100				

考评员　　　　　　　　　　　　　　　　　　　　　　　年　　月　　日

三十、S-AQ-08-C03 动火作业管理——动火作业现场管理

1. 考核时间：20min。
2. 考核方式：步骤描述。
3. 考核评分表。

考生姓名：_____ 单位：_____

序号	工作步骤	工作标准	配分	评分标准	扣分	得分	考核结果
1	作业前准备	①参与对拟开展的动火作业进行危害因素辨识与风险评价；②根据辨识与评价的结果组织动火作业单位编制、审核三级动火方案	20	缺一项扣10分			
2	办理动火作业许可证	①向分公司申请办理所在站场二级动火作业许可证提供相关资料；②办理三级动火作业许可证时，要求施工单位提供相关资料，协助站长签发动火作业许可证，将动火方案录入公司HSE信息系统	40	缺一项，扣20分			

序号	工作步骤	工作标准	配分	评分标准	扣分	得分	考核结果
3	现场监督	①应佩戴明显的标志，并配备专用安全检测仪器，坚守岗位；②确认各项安全措施落实到位；③对所有现场施工人员的违章行为，制止并批评教育；④在动火作业发生异常情况时应及时向现场负责人报告	40	缺一项扣10分			
	合计		100				

考评员 年 月 日

三十一、W-AQ-08-C03 动火作业管理——动火作业现场管理

1. 考核时间：20min。
2. 考核方式：步骤描述。
3. 考核评分表。

考生姓名：_____ 单位：_____

序号	工作步骤	工作标准	配分	评分标准	扣分	得分	考核结果
1	作业前准备	①组织施工人员识别作业现场的各类风险、作业过程中存在的风险；②落实作业过程中的各项风险防控措施；③参与编制动火方案	30	缺一项扣10分			
2	安全培训	组织对动火作业人员进行作业前安全培训和动火方案的交底工作，确保其掌握针对该作业的全部动火作业程序、安全措施和应急要求	20	未进行此项不得分			
3	安全监护	①应佩戴明显的标志，并配备专用安全检测仪器，坚守岗位；②确认各项安全措施落实到位；③对所有现场施工人员的违章行为，制止并批评教育；④在动火作业发生异常情况时应及时向现场负责人报告；⑤负责全面了解动火区域和部位状况，掌握急救方法，熟悉应急预案	50	缺一项扣10分			
	合计		100				

考评员 年 月 日

三十二、S-AQ-09-C01 安全检查——定期安全检查

1. 考核时间：20min。
2. 考核方式：步骤描述。
3. 考核评分表。

考生姓名：_____   单位：_____

序号	工作步骤	工作标准	配分	评分标准	扣分	得分	考核结果
1	组织参加月度检查	定期检查形式及要求： ①根据生产、施工过程中各岗位、专业的特点，由岗位操作人员、技术管理人员在工作前和工作中对本岗、专业中应注意的事项进行检查； ②结合各级检查发现问题、设备设施变更、管理业务调整等对检查表进行连带变更； ③由岗位操作人员、技术管理人员在工作前和工作中对本岗、专业中应注意的事项进行检查	40	掌握定期检查检查要求，①②缺少一项扣15分，③缺少扣10分			
2	建立问题台账	①问题整改台账，应使用问题清单； ②制订整改措施。 整改要求： ③汇总整改结果于检查后15个工作日内报检查的牵头组织部门； ④检查的牵头部门组织相关专业或由相关专业部门委托进行验证	60	缺少1项扣15分			
	合计		100				

考评员   年   月   日

三十三、S/W-AQ-10-C01 应急预案编制——应急预案的编制、修订

1. 考核时间：20min。
2. 考核方式：步骤描述。
3. 考核评分表。

考生姓名：_____   单位：_____

序号	工作步骤	工作标准	配分	评分标准	扣分	得分	考核结果
1	识别相关预案	组织相关人员编写： ①《火灾现场处置预案》； ②《公共卫生突发事件现场处置预案》； ③《交通事故现场处置预案》； ④《重大传染病疫情事件现场处置预案》； ⑤《人体伤害现场处置预案》等	20	缺一项扣4分			

序号	工作步骤	工作标准	配分	评分标准	扣分	得分	考核结果
2	现场处置预案	内容包括： ①事故特征； ②组织机构及职责； ③应急处置； ④注意事项	40	缺一项扣10分			
2	修订相关预案	如无特殊情况，每三年组织对预案至少进行一次修订	20	未进行此项，扣20分			
3	编写其他相关预案	参与站队综合应急预案和其他现场处置预案中安全内容的编制	20	未进行此项，扣20分			
	合计		100				

考评员　　　　　　　　　　　　　　　　　　　　　　　　年　　月　　日

三十四、S/W-AQ-10-C02 应急演练——应急预案演练

1. 考核时间：20min。
2. 考核方式：系统操作。
3. 考核评分表。

考生姓名：＿＿＿＿＿＿＿＿　　　　　　　　　　　　单位：＿＿＿＿＿＿＿＿

序号	工作步骤	工作标准	配分	评分标准	扣分	得分	考核结果
1	演练计划的制订	①制订演练计划； ②编写演练方案	20	缺一项扣10分			
2	PIS 系统录入	按应急预案要求相关要求，①将演练计划录入 PIS 信息系统；②由负责人审批	20	缺一项扣10分			
3	组织演练	按照演练计划，按时组织人员开展演练	20	未进行此项，扣20分			
4	记录演练过程	每次抢修演练要填写《演练记录》	20	未进行此项，扣20分			
5	参与其他演练	参加本部门组织的其他应急演练	20	未进行此项，扣20分			
	合计		100				

考评员　　　　　　　　　　　　　　　　　　　　　　　　年　　月　　日

三十五、S/W-AQ-11-C01 事故上报——事故报告流程

1. 考核时间：20min。
2. 考核方式：步骤描述。
3. 考核评分表。

考生姓名：_____   单位：_____

序号	工作步骤	工作标准	配分	评分标准	扣分	得分	考核结果
1	熟悉事故上报流程	①事故当事人/发现人员应立即报告站场负责人；②站值班人员立即报告上级调度；③填写事件初始报告，按要求逐级上报；④在5个工作日内通过HSE信息系统录入相关信息	80	缺少一项扣20分			
2	及时准确上报事故、事件信息	汇报内容：①事故发生单位概况；②事故发生的时间、地点以及事故现场情况；③事故的简要经过；④事故已经造成或者可能造成的伤亡人数(包括下落不明的人数)和初步估计的直接经济损失；⑤已经采取的措施；其他应当报告的情况	20	缺少一项扣4分			
	合计		100				

考评员   年 月 日

三十六、S/W-AQ-11-C03 安全经验分享——开展安全经验分享

1. 考核时间：20min。
2. 考核方式：步骤描述。
3. 考核评分表。

考生姓名：_____   单位：_____

序号	工作步骤	工作标准	配分	评分标准	扣分	得分	考核结果
1	整理本单位事故事件，形成分享材料	整理形成具有分享价值的材料	40	材料整理没有提前准备好，教训没讲清，做法要点没讲明，没有体现出分享价值扣10分			
2	收集外部与自身相关的事故事件案例，并整理成分享材料	收集到外部与自身相关的事故事件信息，整理出具有分享价值的材料	20	整理材料不具有典型性和针对性，对站队员工达不到互相交流和借鉴作用，扣5分			
3	开展全员安全经验分享	通过会议、电话等途径及时将事故事件通报传达到每名员工	40	未传达此项不得分			
	合计		100				

考评员   年 月 日

三十七、S/W-AQ-12-C01HSE 信息系统——HSE 信息系统的填报

1. 考核时间：20min。
2. 考核方式：系统操作。
3. 考核评分表。

考生姓名：_____　　　　　　　　　　　　单位：_____

序号	工作步骤	工作标准	配分	评分标准	扣分	得分	考核结果
1	登录 HSE 信息系统	使用登录 HSE 系统	30	不能登录 HSE 信息系统的，本项不得分			
2	按照要求填报各项数据	每月初按照要求完成百万工时等统计录入等工作	70	以百万工时填报为例，根据填报数据的准确性和完整性酌情给分			
	合计		100				

考评员　　　　　　　　　　　　　　　　　　　　　　年　　月　　日

中级资质理论认证

中级资质理论认证要素细目表

行为领域	代码	认证范围	编号	认证要点
专业知识B	A	风险隐患管理	01	危害因素识别与评价
			02	隐患排查与监督管理
			03	重大危险源监督与管理
			04	危险化学品监督与管理
	B	安全目视化管理	01	安全标识管理
			02	应急救生设施管理
	C	安全环保教育	01	主题推广活动
			02	安全教育
			03	安全活动
			04	进站安全
	D	职业健康管理	01	职业健康体检及监测
			02	员工保健津贴
			03	劳保用品管理
	E	环境保护管理	01	环境监测
			02	污染源管理和排放控制
			03	环保设施运行监督
			04	固体废物管理及处置
			05	绿色站队建设
	F	交通安全管理	01	驾驶员违章行为监督检查
			02	机动车检查及驾驶员安全教育
			03	出车审批及车辆管理
	G	消防安全管理	01	消防设备设施及器材检查维护
			02	站队志愿消防队管理
			03	站队消防设施检测
			04	可燃和有毒气体检测报警器管理
	H	施工安全管理	01	施工准备
			02	施工作业监督检查
			03	动火作业管理
	I	安全检查	01	安全检查与整改反馈
	J	应急管理	01	应急预案的编制
			02	应急演练
			03	应急准备与响应
	K	事故事件管理	01	事故事件上报
			02	事故事件调查与统计分析
			03	安全经验分享

中级资质理论认证试题

一、单项选择题(每题 4 个选项，将正确的选项号填入括号内)

第二部分 专业知识

风险隐患管理部分

1. BA01 风险控制措施制订顺序(　　)。
A. 替代、消除、降低、隔离、个体防护、警告
B. 消除、替代、降低、隔离、个体防护、警告
C. 替代、消除、降低、隔离、警告、个体防护
D. 消除、替代、降低、隔离、警告、个体防护

2. BA02 一般站队预计投资额在(　　)以下的一般事故隐患整改项目，其整改方案上报分公司业务主管部门。
A. 10 万元　　　　　B. 20 万元　　　　　C. 30 万元　　　　　D. 40 万元

3. BA03 重大危险源的生产装置装备应满足安全生产要求的自动化控制系统；(　　)重大危险源，具备紧急停车系统。
A. 一级　　　　　B. 二级　　　　　C. 一、二级　　　　　D. 三级

4. BA03 重大危险源档案应当包括(　　)。
A. 基本特征表　　　　　　　　　B. 安全技术说明书
C. 事故应急预案　　　　　　　　D. 以上均是

5. BA04 购置的危险化学品，供货厂家必须提供(　　)。
A. 产品合格证　　　　　　　　　B. 安全标签
C. 安全技术说明书　　　　　　　D. 以上均是

6. BA04 仓库应符合安全和消防要求，通道、出入口和通向消防设施的道路应保持畅通，设置(　　)，并建立健全岗位责任制等规章制度。
A. 禁止标识　　　B. 安全标识　　　C. 警示标识　　　D. 隔离标识

7. BA04 剧毒化学品储存应设置危险等级和注意事项的标识牌，专库保管，实行双人、双锁、双账、双领用管理，并报当地(　　)备案。
A. 公安部门和安监部门　　　　　B. 公安部门和技监部门
C. 安监部门和消防部门　　　　　D. 消防部门和技监部门

8. BA04 发生危险化学品泄漏、火灾、爆炸事故时，应立即启动应急预案。事故抢救原则是(　　)。
A. 先救人，后救灾　　　　　　　B. 要尽快切断物料来源
C. 正确选用防护器具和用品　　　D. 以上都是

安全目视化管理部分

9. BB01 加热炉区应设置的安全标识包括(　　)。
A. 当心爆炸、当心自动启动、当心烫伤
B. 禁止违章启动、当心机械伤人、当心自动启动、佩戴护耳器
C. 消除静电、当心爆炸、当心泄漏、当心跌落、使用防爆工具
D. 禁止违章启动、禁止触摸、当心触电、检修时上锁

10. BB01 压缩机房应设置的安全标识包括(　　)。
A. 禁止违章启动、禁止触摸、当心触电、检修时上锁
B. 当心机械伤人、注意通风、佩戴护耳器、使用防爆工具
C. 当心爆炸、当心自动启动、当心烫伤
D. 检修时上锁、禁止乱动阀门、当心泄漏

11. BB01 阀组及工艺区应设置的安全标识包括(　　)。
A. 当心爆炸、当心自动启动、当心烫伤
B. 当心机械伤人、注意通风、佩戴护耳器、使用防爆工具
C. 禁止违章启动、禁止触摸、当心触电、检修时上锁
D. 检修时上锁、禁止乱动阀门、当心泄漏

12. BB01 收发清管器盲板侧应设置的安全标识包括(　　)。
A. 消除静电、使用防爆工具、当心爆炸，当心中毒
B. 当心爆炸、当心自动启动、当心烫伤
C. 消除静电、当心爆炸、当心泄漏、当心跌落、使用防爆工具
D. 禁止违章启动、禁止触摸、当心触电、检修时上锁

13. BB01 污油罐处应设置的安全标识包括(　　)。
A. 当心爆炸、当心自动启动、当心烫伤
B. 当心机械伤人、注意通风、佩戴护耳器、使用防爆工具
C. 消除静电、当心爆炸、当心泄漏、当心跌落、使用防爆工具
D. 消除静电、使用防爆工具、当心爆炸，当心中毒

14. BB01 变电所应设置的安全标识包括(　　)。
A. 当心机械伤人、注意通风、佩戴护耳器、使用防爆工具
B. 当心爆炸、当心自动启动、当心烫伤
C. 消除静电、当心爆炸、当心泄漏、当心跌落、使用防爆工具
D. 禁止违章启动、禁止触摸、当心触电、检修时上锁

15. BB02 油库(二级以上)和首末站设置风向标(　　)处。
A. 1~2　　　　　B. 2~3　　　　　C. 2~4　　　　　D. 3~4

16. BB02 风向标上风向袋颜色为(　　)色。
A. 橙红色　　　B. 红色　　　　C. 橙黄色　　　D. 黄色

17. BB02 输油气站场大门出口对面一侧的围墙上，每间隔70m应设置一处应急逃生门，但是原则上不宜超过(　　)处。
A. 1　　　　　B. 2　　　　　C. 3　　　　　D. 4

18. BB02 输油站场中间站应设置风向标(   )处。

A. 1~2　　　　　B. 2~3　　　　　C. 2~4　　　　　D. 3~4

19. BB02 输气站场设置风向标(   )处。

A. 1~2　　　　　B. 2~3　　　　　C. 2~4　　　　　D. 3~4

20. BB02 应急广播广播控制系统应设置在(   )。

A. 门卫室　　　　B. 办公楼　　　　C. 库房　　　　　D. 站控室

21. BB02 办公区域广播系统每层办公区至少设置(   )处扬声器。

A. 1　　　　　　　B. 2　　　　　　　C. 3　　　　　　　D. 4

安全环保教育部分

22. BC02 离开特种作业岗位达(   )个月的特种作业人员，应当重新进行实际操作考核，经合格后方可上岗作业。

A. 1　　　　　　　B. 3　　　　　　　C. 6　　　　　　　D. 12

23. BC03 安全活动内容不包括(   )。

A. 本岗位健康、安全、环保的各类生产文件

B. 安全经验分享

C. 员工休假安排

D. 风险识别和评价活动

24. BC04 当生产区的可燃气体浓度达到爆炸下限的(   )或以上时，应立即停止照相、摄像，并撤离生产区。

A. 5%　　　　　　B. 10%　　　　　C. 15%　　　　　D. 25%

25. BC04 进入输气站场必须做到(   )。

A. 必须劳保着装，不得携带火种和穿钉子鞋

B. 进入站区可以携带电子通信设备

C. 进入站区可以携带必要的火种

D. 进入站区可以视情况动用站场的消防设备

26. BC04 如携带易燃、易爆及其他危险品的人员进站前必须(   )，并进行妥善处置。

A. 集中销毁　　　B. 交指定人员保存　　C. 偷带进站　　　D. 自身携带

职业健康管理部分

27. BD03 员工因病、脱产学习等脱离工作岗位(   )以上，当期不再发放随护用品。

A. 半年　　　　　B. 3 个月　　　　C. 9 个月　　　　D. 一年

28. BD03 安全工程师应对本单位公用劳动防护用品，如：安全帽、(   )、安全网、安全带、绝缘靴和防毒面具面罩等，按规定进行检验和更新，并将检验情况填入《个人劳动防护设施检验、更新情况表》。

A. 空气呼吸器　　B. 办公桌　　　　C. 固定电话　　　D. 电脑

29. BD03 对进入本单位生产区域和施工现场的(   )人员(不含承包商人员)，应按标准为其配备合格的劳动防护用品，并对其穿戴、使用情况进行检查。

A. 劳务派遣　　　B. 合同化　　　　C. 外来　　　　　D. 内部

30. BD03 工种变化的防护用品，按新老工种规定年限短的计算，期满后，按（　　）标准发放防护用品。

A. 新工种　　　　　B. 合同约定　　　　　C. 领导指定　　　　　D. 员工申请

环境保护部分

31. BE01 清洁生产是关于产品的生产过程的一种新的、创造性的思维方式。清洁生产意味着对生产过程、产品和服务持续运用（　　）的环境战略以期增加生态效率并减降人类和环境的风险。

A. 局部防御　　　　B. 整体预防　　　　C. 全面抵御　　　　D. 持续改进

32. BE01 污染源是指造成环境污染的污染物发生源，通常指向环境排放（　　）或对环境产生有害影响的场所、设备、装置或人体。

A. 有毒物质　　　　B. 有害物质　　　　C. 烟尘　　　　　D. 废弃物

33. BE01 环境质量监测的频次（　　）。

A. 一年一次　　　　B. 一年两次　　　　C. 二年一次　　　　D. 三年一次

34. BE02 污染源管理实施（　　）管理，明确每个污染物排放口达标排放的责任人。

A. 专项　　　　　B. 分类　　　　　C. 分级　　　　　D. 统一

35. BE02 天然气管道、设备维检修或事故处理须排放天然气时应通过（　　）并点燃后排放。

A. 阻火器　　　　B. 应急池　　　　C. 安全阀　　　　D. 放空设施

36. BE03 污染源治理设施必须运行良好，并设有（　　）管理。要确保治理设施正常运行，并有运行记录。

A. 多人　　　　　B. 在线　　　　　C. 专人　　　　　D. 监视

37. BE04 对废弃物处置需建立完整的废物处理和排放控制档案，执行废物排放管理申报登记制度，依法申请办理（　　）。

A. 市场准入证　　　B. 安全生产许可证　　C. 排污许可证　　　D. 营业执照

交通安全管理部分

38. BF02 夜间行车的主要安全风险是（　　）。
A. 对面车辆的灯光造成驾驶员炫目　　　　B. 轮胎与路面之间附着系数减小
C. 容易造成发动机进水　　　　　　　　　D. 陡坡、急转弯多，驾驶员视线受阻

39. BF02 雨天行车的主要安全风险是（　　）。
A. 对面车辆的灯光造成驾驶员炫目　　　　B. 轮胎与路面之间附着系数减小
C. 高速行驶容易爆胎　　　　　　　　　　D. 陡坡、急转弯多，驾驶员视线受阻

40. BF02 雾天行车的主要安全风险是（　　）。
A. 容易造成发动机进水　　　　　　　　　B. 轮胎与路面之间附着系数减小
C. 高速行驶容易爆胎　　　　　　　　　　D. 能见度低，引发交通事故

41. BF02 冰雪天行车的主要安全风险是（　　）
A. 高速行驶容易爆胎　　　　　　　　　　B. 轮胎与路面之间附着系数减小
C. 出现横风造成车辆侧滑侧翻　　　　　　D. 陡坡、急转弯多，驾驶员视线受阻

42. BF02 山区行车的主要安全风险是(　　)。

A. 高速行驶容易爆胎
B. 轮胎与路面之间附着系数减小
C. 出能见度低，引发交通事故
D. 陡坡、急转弯多，驾驶员视线受阻

43. BF02 高速公路行车的主要安全风险是(　　)。

A. 车速快容易造成严重事故
B. 对面车辆的灯光造成驾驶员炫目
C. 出能见度低，引发交通事故
D. 陡坡、急转弯多，驾驶员视线受阻

44. BF02 隧道行车的主要安全风险是(　　)。

A. 车速快容易造成严重事故
B. 出现横风造成车辆侧滑侧翻
C. 出能见度低，引发交通事故
D. 陡坡、急转弯多，驾驶员视线受阻

45. BF02 立交桥行车的主要安全风险是(　　)。

A. 车速快容易造成严重事故
B. 轮胎与路面之间附着系数减小
C. 出能见度低，引发交通事故
D. 出入口较多，容易迷失方向

46. BF02 高速公路临时停车必须停在紧急停车带内，并在车后(　　)设置危险警示牌。

A. 50m
B. 100m
C. 150m
D. 200m

消防安全管理部分

47. BG01 疏散指示标志应放在安全出口门的顶部或疏散走道及其转角处距地面高度(　　)以下的墙面上，走道上的指示标志间距不宜大于(　　)。

A. 1m，10m
B. 1m，20m
C. 2m，10m
D. 2m，20m

48. BG01 消防应急照明时间不低(　　)。

A. 20min
B. 30min
C. 40min
D. 60min

49. BG01 手提二氧化碳灭火器的报废年限是(　　)年。

A. 5
B. 8
C. 10
D. 12

50. BG01 手提贮压式干粉灭火器的报废年限是(　　)年。

A. 5
B. 8
C. 10
D. 12

51. BG01 冷水消防栓的消防工具箱内应配(　　)盘直径65mm、每盘长度20mm的带快速接口的水带，(　　)支入口直径65mm、喷嘴直径19mm的水枪及一把消防栓钥匙。

A. 2~4，2
B. 2~4，4
C. 2~6，2
D. 2~6，4

52. BG01 泡沫消防栓的消防工具箱内应配(　　)盘直径65mm、每盘长度20mm的带快速接口的水带，(　　)支 PQ8 或 PQ4 型泡沫枪及一把消防栓钥匙。

A. 2~3，1
B. 2~3，2
C. 2~5，1
D. 2~5，2

53. BG01 检查带表计的贮压式灭火器时，压力表指针如指针在(　　)区域表明灭火器已经失效，应及时送检并重新充气换。

A. 绿色
B. 黄色
C. 红色
D. 白色

54. BG01 二级及以上油库、输气站配置(　　)套压缩空气呼吸器，两套过滤式防毒面具；输油站配置(　　)套压缩空气呼吸器，两套过滤式防毒面具。

A. 2，1
B. 2，4
C. 4，6
D. 6，8

55. BG01 检查空气呼吸器整机的气密性，打开瓶头阀2min后关闭瓶头阀，观察压力表的示值5min内的压力下降不超过(　　)。

A. 1MPa   B. 2MPa   C. 3MPa   D. 4MPa

施工安全管理部分

56. BH02 安全工程师熟悉工程项目的 HSE 要求，加强现场的 HSE 管理，每24h 至少到现场进行( )次 HSE 检查，发现问题后反馈给主管部门和施工单位，并督促现场整改。

A. 1   B. 2   C. 3   D. 4

57. BH03 施工单位申请办理动火作业许可证时，需提供相关附图，如作业环境示意图、工艺流程示意图、( )等。

A. 工艺安装图   B. 电气平面图   C. 管道走向图   D. 平面布置示意图

58. BH03 在动火作业现场，站场安全工程师作为监督人员，主要的职责不包括( )。

A. 负责全面了解动火区域和部位状况，掌握急救方法，熟悉应急预案

B. 负责区域内各级动火作业现场的监护

C. 确认各项安全措施落实到位

D. 佩戴明显的标志，并配备专用安全检测仪器，坚守岗位

59. BH03 需动火施工的部位及室内、沟坑内的可燃气体浓度最高值应低于爆炸下限的( )。

A. 5%(LEL)   B. 10%(LEL)   C. 15%(LEL)   D. 20%(LEL)

60. BH03 用气焊(割)动火作业时，氧气瓶与乙炔气瓶的间隔不小于( )，且乙炔气瓶严禁卧放，二者与动火作业地点距离不得小于( )，禁止在烈日下曝晒。

A. 3m，6m   B. 4m，8m   C. 5m，10m   D. 6m，10m

61. BH03 采用电焊进行动火施工的储罐、容器及管道等应在焊点附近安装接地线，其接地电阻应小于( )。

A. 1Ω   B. 5Ω   C. 10Ω   D. 30Ω

62. BH03 在带压天然气、成品油管道上焊接，焊接处管内压力应小于此处管道允许工作压力的( )倍，且成品油充满管道。

A. 0.1   B. 0.2   C. 0.2   D. 0.4

63. BH03 在运行的原油管道上焊接时，焊接处管内压力应小于此段管道允许工作压力的( )倍，且原油充满管道。

A. 0.1   B. 0.2   C. 0.3   D. 0.5

64. BH03 在受限空间进行作业时，氧含量为( )。

A. 17.5%~21.5%   B. 18.5%~22.5%

C. 19.5%~23.5%   D. 20.5%~24.5%

65. BH03 在受限空间动火，动火过程中应定时进行可燃气体浓度检测，但最长不应超过( )。

A. 0.5h   B. 1h   C. 1.5h   D. 2h

66. BH03 对于采用氮气或其他惰性气体对可燃气体进行置换后的受限空间和超过( )的作业坑内作业前应进行含氧量检测。

A. 0.5m   B. 1m   C. 2m   D. 2.5m

67. BH03 动火作业现场( )范围内应做到无易燃物，施工、消防及疏散通道应畅通。

A. 10m   B. 15m   C. 20m   D. 30m

68. BH03 如果动火作业中断超过(　　)，继续动火前，动火作业人、动火监护人应重新确认安全条件。

A. 10min　　　　　B. 15min　　　　　C. 20min　　　　　D. 30min

69. BH03 在进行可燃气体检测时需要同时使用(　　)台以上的检测仪进行检测，保证检测结果的可靠和有效。

A. 1　　　　　　　B. 2　　　　　　　C. 3　　　　　　　D. 4

70. BH03 可燃气体检测仪的有效期是(　　)。

A. 3 个月　　　　B. 6 个月　　　　C. 1 年　　　　　D. 2 年

71. BH03 动火前气体检测时间距动火时间不宜超过(　　)，但最长不应超过(　　)。

A. 5min，10min　　B. 10min，20min　　C. 10min，30min　　D. 20min，30min

安全检查部分

72. BI01 在上级检查中被检查基层单位应按照(　　)对问题项进行原因分析并制订整改计划、措施，并按规定计划、措施对不符合的问题项进行整改。

A. 检查时间　　B. 整改顺序　　C. 专业分工　　D. 管理内容

73. BI01 对于不能按计划及时解决的问题，被检查单位要(　　)并制订整改工作计划，上报专业主管部门审核批准后方可实施。

A. 编制书面原因　　B. 口头说明　　C. 电话说明　　D. 使用电子邮件形式

事故事件管理部分

74. BK01 生产安全事故按类别分为：(　　)、道路交通事故、火灾事故。

A. 设备事故　　B. 管道泄漏事故　　C. 人员伤亡事故　　D. 工业生产安全事故

75. BK01 急性中毒事故属于(　　)事故。

A. 道路交通事故　　　　　　　B. 火灾事故
C. 工业生产安全事故　　　　　D. 人员伤亡事故

76. BK01 根据《职业病危害事故调查处理办法》，职业病事故分为三级，即特大职业病事故、重大职业病事故和(　　)。

A. 较大职业病事故　　　　　　B. 一般职业病事故
C. 较小职业病事故　　　　　　D. 人员伤亡事故

77. BK01 根据集团公司《质量事故管理规定》，质量事故分为(　　)级。

A. 一级　　　　　B. 二级　　　　　C. 三级　　　　　D. 四级

78. BK01 工业生产安全事件：在生产场所内从事生产经营活动时发生的造成人员轻伤以下或直接经济损失小于(　　)元的情况。包括其条件下使用急救箱的事件、医疗处理的事件、影响工作能力和工作时间的事件。

A. 100　　　　　B. 1000　　　　　C. 5000　　　　　D. 10000

79. BK01 以下属于事件的是：(　　)。

A. 1 人重伤　　B. 10000 元损失　　C. 2 人急性职业中毒　　D. 500 元损失

80. BK01 根据《中国石油天然气股份有限公司生产安全事故管理办法》，某企业发生事故，死亡 32 人，重伤 7 人，该事故按级别划分为(　　)。

A. 特别重大事故　　B. 重大事故　　　　C. 一般事故　　　　D. 较大事故

二、判断题(对的画"√"，错的画"×")

第二部分　专业知识

风险隐患管理部分

（　　）1. BA01 经加热炉吹灰除尘排放的废气，定为重要环境因素。

（　　）2. BA01 在油品输送、储存过程中产生的含油污水及其他工业污水超标排放或虽经简单处理仍不达标的废水，直接评定为重要环境因素。

（　　）3. BA01 输油气生产、建设中产生的引起相关方抱怨的噪声，定为重要环境因素。

（　　）4. BA01 环保设施正常运行时的废水排放，定为重要环境因素。

（　　）5. BA04 危险化学品库房不得与员工宿舍在同一座建筑物内，但可设临时设办公室。

（　　）6. BA04 作业现场各种化学品数量，原则上随用随领，不能一次用完的化学品作业现场只许存放一个最小包装(单位)。

（　　）7. BA04 对失效过期、已经分解、理化性质改变的危险化学品和闲置不用的危险化学品，废弃时应委托具备国家规定资质的单位处置，双方要签订协议，明确各自的责任、志愿和时限，不能将危险化学品私自转移、变卖、倾倒。

（　　）8. BA04 购置的危险化学品，供货厂家必须提供与危险化学品完全一致的安全技术说明书(MSDS)，并在外包装上粘贴或拴挂安全标签。

（　　）9. BA04 在生产、科研过程中使用的剧毒化学品，由物资采购部门提出申请，经安全部门同意后即可购买。

（　　）10. BA04 购买的危险化学品可由运输方直接运输。

（　　）11. BA04 站队应建立危险化学品清单。严格执行危险化学品出入库制度，设专人负责，定期对库存危险化学品进行检查，严格核对进出库的种类、规格、数量，做好记录。

安全环保教育部分

（　　）12. BC02 特种作业人员必须经省、自治区、直辖市审核认可的特种作业人员专业培训机构组织的专业性安全教育和培训，考试合格取得特种作业操作证后，方可从事作业。

（　　）13. BC02 持《特种作业人员操作证》者，每两年进行 1 次复审。连续从事本工种 10 年以上的，经用人单位进行知识更新教育后，每 4 年复审 1 次。

（　　）14. BC02 班组级安全教育由班组长组织，班组安全工程师负责教育，可采用讲解、演习相结合等方式，时间不得少于 12 学时。

（　　）15. BC02 站队级安全教育时间不少于 24 学时。由站队负责人负责，安全工程师负责组织实施。

（　　）16. BC02 员工脱离操作岗位（休产假、病假、外出学习等）一年以上再上岗时，安全工程师必须重新进行站队、班组级安全教育。

（　　）17. BC02 厂内机动车辆驾驶员不属于特种作业人员。

（　　）18. BC02 安全工程师负责对所管辖区域内外来施工的作业票证进行检查、登记、确认，进行入场安全教育，办理进入站场施工作业相关手续。

（　　）19. BC02 安全工程师应掌握外来施工当天的作业内容，有效识别作业的风险并制订削减风险措施。

（　　）20. BC02 员工内部调动工作岗位时，接受员工的基层站队安全工程师应对其进行班组级安全教育，经考试合格后，报安全、生产部门核准后，方可从事新岗位工作。

（　　）21. BC03 安全工程师要及时检查班组安全活动情况和效果，定期检查班组安全活动记录，解决相关问题，写出评语并签字。

（　　）22. BC03 班组安全活动学习可以结合内外部事故案例，讨论分析典型事故，总结吸取经验教训。内容可涉及岗位作业期间和下班后的人身安全等诸多方面。

（　　）23. BC03 班组安全活动学习内容包括本岗位健康、安全、环保的各类生产文件、法律法规、规章制度、两书一表、技术知识、上级通知、通报及相关材料。

（　　）24. BC04 经过审批的进站车辆不得占用消防通道，临时停放时驾驶人员不得离开车辆。

（　　）25. BC04 当场所内的可燃气体浓度达到爆炸下限的 25% 或以上时，应立即停止照相、摄像等活动，并撤离生产区。

（　　）26. BC03 站队安全活动应严格考勤制度，不得无故缺席。对缺席者要进行补课并记录。

（　　）27. BC04 安全工程师应结合本单位实际制订外来人员安全教育教材和进站人员安全消项表（卡）。

（　　）28. BC04 安全工程师应对进入输油气站人员进行进站安全检查，打火机、火柴等火种可以携带进入站场。

（　　）29. BC02 进行电工作业、金属焊接切割作业、起重机械（含电梯）作业、锅炉作业（含水质化验）、压力容器作业、登高架设作业、放射线作业、厂内机动车辆驾驶等特种作业人员属于特种作业人员。

职业健康管理部分

（　　）30. BD03 各生产作业场所和施工现场应为访问者配备必要的劳动防护用品。同时，为受其健康影响的人员配备劳动防护用品。

（　　）31. BD03 劳务用工人员的劳动防护用品根据工作需要，参照《员工个人劳动防护用品配备规定》配备

（　　）32. BD03 凡是超过规定有效期和不符合国家、行业发布的最新技术标准的劳动防护用品，不得发放或使用。

（　　）33. BD03 安全工程师每年对个人劳动防护用品和防护设备的使用情况进行分析，内容包括：总体使用情况（即：对照年度历史数据分析各项劳动防护用品的配置数量变化，分析变化原因）、个人使用情况和相关费用。

环境保护管理部分

（　　）34. BE01 清洁生产是关于产品的生产过程的一种新的、创造性的思维方式。清洁生产意味着对生产过程、产品和服务持续运用整体预防的环境战略以期增加生态效率并减降人类和环境的风险。

（　　）35. BE01 污染源是指造成环境污染的污染物发生源，通常指向环境排放有害物质或对环境产生有害影响的场所、机械、装置或人体。

（　　）36. BE02 建设项目环境保护"三同时"是指建设项目的环境保护措施（包括防治污染和其他公害的设施及防止生态破坏的设施）必须与主体工程同时设计、同时施工、同时投入使用。

（　　）37. BE02 新建、改建、扩建项目应在可行性研究报告阶段委托具有国家规定资质的环境影响评价机构开展环境影响评价工作。

（　　）38. BE04 涉源单位应当按照国家有关规定，申请办理辐射安全许可证。放射源的采购、废弃应当按照国家法规要求申请办理准购证和注销手续。

（　　）39. BE04 天然气管道、设备维检修或事故处理须排放天然气时应通过放空设施并点燃后排放。放空设施应设置点火系统。

（　　）40. BE04 有利用价值的物质、热能应回收利用，以废治废综合治理，防止产生二次污染。

交通安全管理部分

（　　）41. BF01 每站队至少配备一名专（兼）职车辆 GPS 系统管理员，负责监控数据采集、分析以及系统维护工作。

（　　）42. BF01 车载终端需要从一辆车拆装至另一台车时，站队确定后备案并做好记录；车辆报废或迁出时，站队应将车载终端全部设备拆下妥善保管。

（　　）43. BF01 驾驶员未经调度同意，超出所管辖区域（未按路单行驶）行驶的，属于违规行为。

（　　）44. BF01 驾驶员疲劳驾驶罚款 100 元，对乘车最高领导（即带车人）通报批评。

（　　）45. BF01 人为损坏车载终端，根据情节严重程度，罚款 200~500 元，并给予通报批评。

（　　）46. BF01 不按规定要求对车载终端进行认真交接的（查车辆交接记录），罚款 100 元。

（　　）47. BF02 无"双证"的驾驶人，驾驶本单位机动车按无证驾驶论处。发生事故一切后果自负，并追究有关人员责任。

（　　）48. BF03 各种长途出车前，车辆调度和安全工程师两级严格把关，对车辆进行安全检查，对驾驶员进行安全教育。

（　　）49. BF03 员工长途通勤车辆长期改变行驶路线必须经站队车辆调度同意。

（　　）50. BF03 带车人有责任监督驾驶员安全行驶，有权纠正驾驶员违法和违章违纪行为，遇有突发事件有志愿与驾驶员共同处置。

消防安全管理部分

（　　）51. BG01 当站队的安全出口上锁、遮挡，或者占用、堆放物品影响疏散通道畅通时，单位应当责令有关人员当场改正并督促落实。

（　　）52. BG01 泡沫罐体名牌上应清晰注明泡沫灭火剂的型号、配比浓度、泡沫灭火剂的有效日期和储量。

（　　）53. BG01 二氧化碳灭火器应每半年进行一次称重，比初始重量减少 5% 以上应进行维修。

（　　）54. BG01 泡沫灭火器可用于带电灭火。

（　　）55. BG02 二氧化碳灭火器可以扑救钾、钠、镁金属火灾。

（　　）56. BG03 消防自备发电机储油箱内的油量应能满足发电机运行 3~8h 的用量，油位显示应正常，燃油标号正确。

（　　）57. BG03 罐外式烟雾自动灭火系统药剂每 4 年进行一次更换，若储罐内带加热盘管或其他加热装置，系统内药剂须 2 年进行一次更换。

（　　）58. BG04 进入生产工艺区、输油泵房、阀室、压缩机房等区域进行日常巡检时，应佩戴便携式可燃气体报警器。

（　　）59. BG04 可燃气体与空气形成混合物遇到明火就会发生爆炸。

施工安全管理部分

（　　）60. BH02 安全工程师熟悉工程项目的 HSE 要求，加强现场的 HSE 管理，每 24h 至少到现场进行一次 HSE 检查。

（　　）61. BH03 需动火施工的部位及室内、沟坑内的可燃气体浓度应低于爆炸下限的 20%（LEL）。

（　　）62. BH03 用气焊（割）动火作业时，氧气瓶与乙炔气瓶的间隔不小于 5m。

（　　）63. BH03 用气焊（割）动火作业时，氧气瓶可以在烈日下曝晒。

（　　）64. BH03 采用电焊进行动火施工的储罐、容器及管道等应在焊点附近安装接地线，其接地电阻应小于 10Ω。

（　　）65. BH03 电焊机等电器设备应有良好的接地装置，并安装漏电保护装置。

（　　）66. BH03 在带压天然气、成品油管道上焊接，焊接处管内压力应小于此处管道允许工作压力的 0.5 倍，且成品油充满管道。

（　　）67. BH03 在运行的原油管道上焊接时，焊接处管内压力应小于此段管道允许工作压力的 0.4 倍，且原油充满管道。

（　　）68. BH03 在受限空间进行作业时，氧含量为 19.5%~23.5%。

（　　）69. BH03 在受限空间动火，动火过程中应定时进行可燃气体浓度检测，但最长不应超过 1h。

（　　）70. BH03 对于采用氮气或其他惰性气体对可燃气体进行置换后的受限空间和超过 1.5m 的作业坑内作业前应进行含氧量检测。

（　　）71. BH03 在动火作业期间，抢修车辆进入易燃易爆场所，可不配带阻火器。

（　　）72. BH03 动火作业许可证签发后，至动火开始执行时间不应超过 1h。

（　　）73. BH03 在动火作业中断后，动火作业许可证可继续使用，不用重新签发。

（　　）74. BH03 如果在规定的动火作业时间内没有完成动火作业，应办理动火延期，但延期后总的作业期限不宜超过 24h。

（　　）75. BH03 动火作业许可证原件要保存两年。

（　　）76. BH03 对不连续的动火作业，则动火作业许可证的期限不应超过一个班次（8h）。

安全检查部分

（　　）77. BI01 不定期检查是指各单位根据专业、节假日特点和社会媒体报道的（尤其是同行业发生的）恶性事故、案例，组织对特殊作业、特殊设备、输油气生产过程开展不定期检查。

（　　）78. BI01 专业性检查是指由各专业人员组织，根据生产、特殊设备存在的问题或专业工作安排进行的检查。通过检查，及时发现并消除不安全因素。

应急管理部分

（　　）79. BJ01 通讯录的变更不列入预案修订范围内，如果通讯录人员名单或通讯方式有变更，需及时更新，每季度至少更新一次。

（　　）80. BJ02 各输油气单位及输油气站库制订的应急预案中应包含环境应急处置内容。应制订突发自然灾害，如洪水、泄洪、地震、滑坡等突发事故的应急预案。应急预案中应包含对周围环境、人员健康保护的应急措施，防止员工及周围居民发生中毒事件。发生油品泄漏，应及时进行回收或掩埋处置，避免对环境造成污染。

（　　）81. BJ03 对因更新改造、抢险应急切换管段后，遗留的废弃埋地管段应挖出或采取可靠措施，防止内部残留油品泄漏对环境造成污染。

事故事件管理部分

（　　）82. BK01 一般事故，是指造成 3 人以下死亡，或者 10 人以下重伤，或者 1000 万元以下直接经济损失的事故。其中所称的"以下"包括本数，"以上"不包括本数。

（　　）83. BK01 根据污染与破坏程度环境污染事故分为：特别重大环境事故、重大环境事故、较大环境事故和一般环境事故。

（　　）84. BK01 未遂事件是指造成人员轻伤以下或直接经济损失小于 1000 元的情况。

（　　）85. BK01 资产失效事件是指设备或其部件在设计寿命周期内意外损坏，设备设施整体或局部功能的暂时或永久失效。包括：输气中断、通信中断、异常停电、异常放空、保护系统失效、压缩机停机（保护停机、常规的设备维护不列入资产失效呈报范围内）。

（　　）86. BK01 环境事件是指非计划性地向大气、土壤和水体排放但影响轻微的事件、环境检测超标的事件。

三、简答题

第二部分　专业知识

风险隐患管理部分

1. BA01 简述危害因素识别的主要方法？
2. BA02 隐患排查主要途径有哪些？

交通安全管理部分

3. BF02 站队应对员工进行安全乘车教育包括哪些内容？

消防安全管理部分

4. BG02 站队志愿消防队的主要职责是什么？
5. BG04 对固定式可燃气体报警器检查内容包括哪些？

施工安全管理部分

6. BH02 书面审查通过后，生产(作业)区域负责人组织参加书面审查的人员到工作区域实地检查，现场确认主要包括哪些内容？

应急管理部分

7. BJ02 简述应急预案的演练要求？

中级资质理论认证试题答案

一、单项选择题答案

1. B	2. B	3. C	4. D	5. D	6. C	7. A	8. D	9. A	10. B
11. D	12. A	13. D	14. D	15. B	16. A	17. B	18. A	19. A	20. D
21. B	22. C	23. C	24. D	25. A	26. B	27. D	28. A	29. C	30. A
31.	32. B	33. C	34. B	35. D	36. C	37. C	38. A	39. B	40. D
41. B	42. D	43. A	44. B	45. D	46. C	47. B	48. B	49. D	50. C
51. C	52. C	53. C	54. B	55. D	56. A	57. D	58. B	59. B	60. C
61. C	62. D	63. D	64. C	65. D	66. B	67. C	68. D	69. B	70. C
71. C	72. C	73. A	74. D	75. C	76. B	77. D	78. B	79. D	80. A

二、判断题答案

1.×加热炉吹灰直接排放的废气，定为重要环境因素。　2.√　3.√　4.×环保设施发生异常情况时的废水排放，定为重要环境因素。 5.×危险化学品库房不得设办公室、休息室。不得与员工宿舍在同一座建筑物内，与员工宿舍应当保持安全距离。 6.√ 7.√ 8.√ 9.×在生产、科研过程中使用的剧毒化学品，由物资采购部门提出申请，经安全部门同意后，向当地公安机关领取购买凭证，凭购买凭证购买。 10.×危险化学品运输方应提供危险化学品运输资质，并与运输单位签订运输协议。

11.√ 12.√ 13.√ 14.×班组级安全教育由班组长组织，班组安全工程师负责教育，可采用讲解、演习相结合等方式，时间不得少于20学时。 15.√ 16.×员工脱离操作岗位（休产假、病假、外出学习等）半年以上再上岗时，安全工程师必须重新进行站队、班组级安全教育。 17.×厂内机动车辆驾驶员属于特种作业人员。 18.√ 19.√ 20.×员工内部调动工作岗位时，接受员工的基层站队安全工程师应对其进行站队、班组级安全教育，经考试合格后，报安全、生产部门核准后，方可从事新岗位工作。

21.√ 22.√ 23.√ 24.√ 25.√ 26.√ 27.√ 28.×安全工程师应对进入输油气站人员进行进站安全检查，打火机、火柴等火种进站前必须交由指定人员保存。 29.×经过批准进站的机动车辆要戴符合安全要求的防火帽才可进入，并按指定的路线位置行驶和停放。 30.√

31.√ 32.√ 33.√ 34.√ 35.×污染源是指造成环境污染的污染物发生源，通常指向环境排放有害物质或对环境产生有害影响的场所、设备、装置或人体。 36.√ 37.√ 38.√ 39.√ 40.√

41.√ 42.√ 43.√ 44.×驾驶员疲劳驾驶罚款50元，对乘车最高领导（即带车人）通报批评。 45.×人为损坏车载终端，根据情节严重程度，罚款500~2000元，并给予通报批评。 46.√ 47.√ 48.√ 49.×员工长途通勤车辆临时改变行驶路线应经车辆调度同意，长期改变行驶路线应经单位领导审批。 50.√

51.√ 52.√ 53.×二氧化碳灭火器应每半年进行一次称重，比初始重量减少10%以上应进行维修。 54.×泡沫灭火器不可用于扑灭电气火灾，由于泡沫溶液导电。 55.×二氧化碳灭火器不可扑救钾、钠、镁金属火灾，因为二氧化碳会和钾、钠、镁金属发生化学反应。 56.√ 57.√ 58.√ 59.×可燃气体与空气形成混合物达到爆炸下限时，遇到明火才会发生爆炸。 60.√

61.×需动火施工的部位及室内、沟坑内的可燃气体浓度应低于爆炸下限的10%（LEL）。 62.√ 63.×用气焊（割）动火作业时，氧气瓶与乙炔气瓶的间隔不小于5m且乙炔气瓶严禁卧放，二者与动火作业地点距离不得小于10m，禁止在烈日下曝晒。 64.√ 65.√ 66.×在带压天然气、成品油管道上焊接，焊接处管内压力应小于此处管道允许工作压力的0.4倍，且成品油充满管道。 67.×在运行的原油管道上焊接时，焊接处管内压力应小于此段管道允许工作压力的0.5倍，且原油充满管道。 68.√ 69.×在受限空间动火，动火过程中应定时进行可燃气体浓度检测，但最长不应超过2h。 70.×对于采用氮气或其他惰性气体对可燃气体进行置换后的受限空间和超过1m的作业坑内作业前应进行含氧量检测。

71.×在动火作业期间，所有机动车辆进入易燃易爆场所，必须配带阻火器。 72.×动火作业许可证签发后，至动火开始执行时间不应超过2h。 73.×在动火作业中断后，动火作业许可证应重新签发。 74.√ 75.×动火作业许可证原件要保存一年。 76.√ 77.√ 78.√ 79.√ 80.×各输油气单位及输油气站库制订的应急预案中应包含环境应急处置内容。应制订突发自然灾害，如洪水、泄洪、地震、滑坡等突发事故的应急预案。应急预案中应包含对周围环境、人员健康保护的应急措施，防止员工及周围居民发生中毒事件。发生油品泄漏，应及时进行回收或处置，不得随意掩埋，避免对环境造成污染。

81. √　82.×一般事故，是指造成 3 人以下死亡，或者 10 人以下重伤，或者 1000 万元以下直接经济损失的事故。其中所称的"以上"包括本数，"以下"不包括本数。　83. √
84.×未遂事件是指已经实际发生但造成的损失很小，没有造成人员伤亡、财产损失和环境污染等后果的情况。　85. √　86. √

三、简答题答案

1. BA01 简述危害因素识别的主要方法？

答：①作业安全分析 JSA；②区域风险评价或调查；③变更分析；④事故事件学习；⑤行为安全观察；⑥工作循环检查；⑦第三方评价或检测。

评分标准：答对①~⑥各占 15%，答对⑦占 10%。

2. BA02 隐患排查主要途径有哪些？

答：①危害因素识别与评价；②各级 HSE 检查；③岗位员工巡回检查；④事故分析；⑤专项风险评价与隐患排查等。

评分标准：答对①~⑤各占 20%。

3. BF02 站队应对员工进行安全乘车教育包括哪些内容？

答：①不携带易燃易爆、有毒有害危险物品；②按照要求扣系安全带；③不与驾驶员闲谈或打闹，妨碍驾驶员安全行驶；④不将肢体伸出车外，未停稳前不上下车；⑤遇见其他突发事件，沉着冷静，服从司乘人员指挥离车或采取其他处置措施。

评分标准：答对①~⑤各占 20%。

4. BG02 站队志愿消防队的主要职责是什么？

答：①定期学习宣传消防法规，参加消防培训和演练；②协助站队落实消防安全制度，参加日常的防火检查；③熟悉本岗位的火灾危险性，熟练掌握灭火器材的使用方法；④扑救初期火灾，协助专职消防队扑救火灾。

评分标准：答对①~④各占 25%。

5. BG04 对固定式可燃气体报警器检查内容包括哪些？

答：①检查现场探测器外观整洁，确保螺纹部分紧扣；②检查现场带显示的探测器，确保显示部位清洁，显示正常；③检查报警控制器状态完好；④对于设备的报警、误报、故障要及时记录。

评分标准：答对①~④各占 25%。

6. BH02 书面审查通过后，生产（作业）区域负责人组织参加书面审查的人员到工作区域实地检查，现场确认主要包括哪些内容？

答：①与作业有关的设备、工具、材料等；②现场作业人员资质及能力情况；③系统隔离、置换、吹扫、检测情况；④个人防护装备的配备情况；⑤安全消防设施的配备，应急措施的落实情况；⑥培训、沟通情况；⑦作业计划书或风险管理单中提出的其他安全措施落实情况；⑧确认安全设施的提供方，并确认安全设施的完好性。

评分标准：答对①~⑥各占 10%，答对⑦⑧占 20%。

7. BJ02 简述应急预案的演练要求?

答:①输油气站每季度至少组织一次应急预案演练。年初,组织站长及相关工程师制订详细的演练计划,并录入 PIS 系统;②按计划组织站内人员开展环境、职业健康等相关应急演练,并参与其他专业应急演练;③对每次抢修演练要填写《演练记录》并认真地总结分析,根据预案演练及抢修的实际情况及存在问题,及时对预案进行修改和完善。

评分标准:答对①②各占 30%,答对③占 40%。

中级资质工作任务认证

中级资质工作任务认证要素细目表

模块	代码	工作任务	认证要点	认证形式
一、风险隐患管理	S/W-AQ-01-Z01	危害因素管理	健康、环境、安全危害因素识别	步骤描述
	S/W-AQ-01-Z02	事故隐患管理	隐患控制措施监督检查	步骤描述
	S-AQ-01-Z03	重大危险源监督	重大危险源监控措施监督检查	步骤描述
	S/W-AQ-01-Z04	危险化学品管理	危险化学品监督检查	步骤描述
三、安全环保教育	S/W-AQ-03-Z02	安全教育	开展转岗及新入厂员工安全教育	步骤描述
	S-AQ-03-Z03	安全活动	安全活动监督与指导	步骤描述
	S-AQ-03-Z04	进站安全管理	站内人员和车辆的安全监督	步骤描述
五、环境保护管理	S-AQ-05-Z01	环境监测	配合污染源监测	步骤描述
	S-AQ-05-Z03	污染源管理和排放控制	判断污染物排放达标情况，制订达标措施，定期监测	步骤描述
	S-AQ-05-Z04	固体废物管理及处置	组织危险废物处置	步骤描述
六、交通安全管理	S/W-AQ-06-Z01	违章行为监督检查	GPS车载终端管理及监控平台超速处理	步骤描述
	S/W-AQ-06-Z02	机动车检查及安全教育	特殊环境交通安全分析	步骤描述
七、消防安全管理	S-AQ-07-Z02	站队消防档案管理	编制站队消防档案	步骤描述
	S/W-AQ-07-Z02	志愿消防队管理	志愿消防队员培训及演练	步骤描述
	S/W-AQ-07-Z04	可燃和有毒气体检测报警器管理	可燃和有毒气体检测报警器检查	步骤描述
八、施工安全管理	S/W-AQ-08-Z01	施工准备	作业安全分析开展	步骤描述
	W-AQ-08-Z03	动火作业管理	动火作业现场过程管理	步骤描述
九、安全检查	S/W-AQ-09-Z01	安全检查	组织并参加月度生产安全检查	步骤描述
十、应急管理	S/W-AQ-10-Z03	应急演练	应急预案演练分析评价	系统操作
	S/W-AQ-10-Z04	应急准备与响应	应急抢修现场HSE监护	步骤描述

中级资质工作任务认证试题

一、S/W-AQ-01-Z01 危害因素管理——健康、环境、安全危害因素识别

1. 考核时间：20min。
2. 考核方式：步骤描述。
3. 考核评分表。

考生姓名：_____   单位：_____

序号	工作步骤	工作标准	配分	评分标准	扣分	得分	考核结果
1	确定危害因素识别范围	①新改扩建项目全过程； ②新工艺新设备新材料投用； ③所有工作场所及场所内设施； ④输油气生产过程中涉及物质及其状态； ⑤输油气生产各操作岗位、各管理岗位、施工现场人员活动； ⑥体系覆盖范围内职工的生活场所； ⑦应急准备以及相应的物资及设施	35	①~⑦缺一项扣5分			
2	选择危害因素识别方法	①作业安全分析； ②区域风险评价或调查； ③变更分析； ④事故事件学习； ⑤行为安全观察； ⑥工作循环检查； ⑦第三方评价或检测	35	①~⑦缺一项扣5分			
3	开展危害因素排查	将危险有害因素分为：①人的因素、②物的因素、③环境因素、④管理因素四类，进行危害因素识别。 ⑤具体可按照安全、环境、职业健康三种危害因素排查表进行识别	30	①~④缺一项扣5分，缺少⑤扣10分			
	合计		100				

考评员   年   月   日

二、S/W-AQ-01-Z02 事故隐患管理——隐患控制措施监督检查

1. 考核时间：20min。
2. 考核方式：步骤描述。
3. 考核评分表。

考生姓名：_____   单位：_____

序号	工作步骤	工作标准	配分	评分标准	扣分	得分	考核结果
1	风险管控隐患的监控	①未立项或只能进行风险管理控制的事故隐患，制订《事故隐患监控措施表》； 包括： ②安全防范措施； ③运行控制要求； ④监督检查要求； ⑤应急预案及演练	50	缺少一项，扣10分			
2	隐患治理项目整改与控制的监督	①监控措施的制订落实情况； ②整改方案的落实情况； ③形象进度； ④资金的使用情况； ⑤应急处置预案培训演练情况	50	缺少一项，扣10分			
	合计		100				

考评员   年   月   日

三、S-AQ-01-Z03 重大危险源监督——重大危险源监控措施监督检查

1. 考核时间：20min。
2. 考核方式：步骤描述。
3. 考核评分表。

考生姓名：_____   单位：_____

序号	工作步骤	工作标准	配分	评分标准	扣分	得分	考核结果
1	监督检查	①监督重大危险源的主要监控措施的落实情况； 主要包括： ②规章制度制订情况； ③安全监测监控系统的运行情况； ④安全设施和安全监测监控系统的检测、检验记录； ⑤责任人及隐患治理； ⑥安全警示标识； ⑦应急预案及演练； ⑧应急器材和设备	80	缺一项扣10分			
2	记录填报	①及时记录检查结果和重大危险源的变化情况并上报； ②定期在HSE信息系统进行填报重大危险源运行记录	20	缺一项扣10分			
	合计		100				

考评员   年   月   日

四、S/W-AQ-01-Z04 危险化学品管理——危险化学品监督检查

1. 考核时间：20min。
2. 考核方式：步骤描述。
3. 考核评分表。

考生姓名：_____ 单位：_____

序号	工作步骤	工作标准	配分	评分标准	扣分	得分	考核结果
1	对危险化学品采购过程进行检查	①危险化学品，供货厂家必须提供与危险化学品完全一致的安全技术说明书，②并在外包装上粘贴或拴挂安全标签	20	简述危险化学品采购过程监督检查要点，每项描述不清扣10分			
2	对危险化学品储存过程进行检查	①建立危险化学品清单，专人管理；②配备符合要求的防护用品、器具；③分区存放，有明显的标识，有足够的安全距离和安全通道	30	简述危险化学品储存过程监督检查要点，每项描述不清扣10分			
3	对危险化学品使用过程进行检查	①严格控制作业现场领取；②使用人员掌握应急措施、穿戴防护用品；③容器使用前后进行检查	30	简述危险化学品使用过程监督检查要点，每项描述不清扣10分			
4	对危险化学品处置过程进行检查	①废弃应委托具备国家规定资质的单位合规处置；②拆除的容器、设备和管道内有危险化学品的，应先清理干净，验收合格后报废	20	简述危险化学品处置过程监督检查要点，每项描述不清扣10分			
	合计		100				

考评员 年 月 日

五、S/W-AQ-03-Z02 安全教育——开展转岗及新入厂员工安全教育

1. 考核时间：20min。
2. 考核方式：步骤描述。
3. 考核评分表。

考生姓名：_____ 单位：_____

序号	工作步骤	工作标准	配分	评分标准	扣分	得分	考核结果
1	熟知进行转岗教育及新入厂教育要求	①员工内部调动工作岗位时，应对其进行站队、班组级HSE教育；②班组间岗位调动应对其进行班组级HSE教育；③员工脱离操作岗位（休产假、病假、外出学习等）半年以上再上岗时，应重新进行站队、班组级HSE教育	30	未掌握相关要求不得分			

续表

序号	工作步骤	工作标准	配分	评分标准	扣分	得分	考核结果
2	掌握应进行转岗及新入厂员工人数	及时掌握站队应进行转岗及新入厂员工人数	30	未及时掌握站队应进行转岗及新入厂教育员工人数或培训学时不够不得分			
3	对照课件,开展站队级安全教育	按计划组织培训	30	培训学时不够扣5分			
4	整理站队级安全教育资料并上报	及时填写三级教育卡及转岗教育卡	10	未填写此项不得分			
	合计		100				

考评员　　　　　　　　　　　　　　　　　　　　　年　月　日

六、S/W-AQ-03-Z03 安全活动——安全活动监督与指导

1. 考核时间:20min。
2. 考核方式:步骤描述。
3. 考核评分表。

考生姓名:_____　　　　　　　　单位:_____

序号	工作步骤	工作标准	配分	评分标准	扣分	得分	考核结果
1	监督安全活动开展效果	及时检查班组安全活动情况和效果,写出评语并签字	30	未及时检查写出评语扣20分,未签字扣10分			
2	开展专业技术指导	检查安全活动记录填写是否规范并进行指导。活动记录应包括①活动时间、②参加人、③活动主题、④活动开展情况描述、⑤需要改进与提高的相关工作、⑥以往活动要求的落实情况	70	缺少一项扣10分			
	合计		100				

考评员　　　　　　　　　　　　　　　　　　　　　年　月　日

七、S-AQ-03-Z04 进站安全管理——站内人员和车辆的安全监督

1. 考核时间:20min。
2. 考核方式:步骤描述。
3. 考核评分表。

考生姓名：_____   单位：_____

序号	工作步骤	工作标准	配分	评分标准	扣分	得分	考核结果
1	监督制止进站人员的不安全行为	①监督进站人员安全行为，未经允许不得私自活动及进入危险区域及限制区域； ②不得私自触摸、操作现场设备； ③未经允许，生产区严禁使用摄影、摄像设备和手机等电子产品的； ④进入生产区穿戴劳动防护用品，佩戴有效证件； ⑤严禁携带火种及易爆物品进入生产区； ⑥发现上述活动应及时制止	60	缺少一项扣10分			
2	监督制止进站车辆的不安全行为	①进站的机动车辆要戴符合安全要求的防火帽才可进入； ②按指定的路线位置行驶和停放； ③进站车辆不得占用消防通道； ④临时停放时驾驶人员不得离开车辆	40	缺少一项扣10分			
	合计		100				

考评员   年   月   日

八、S-AQ-05-Z01 环境监测——配合污染源监测

1. 考核时间：20min。
2. 考核方式：步骤描述。
3. 考核评分表。

考生姓名：_____   单位：_____

序号	工作步骤	工作标准	配分	评分标准	扣分	得分	考核结果
1	组织污染源监测	配合分公司组织开展污染源环境监测，了解监测方法、监测点位，掌握监测内容、频次：①环境空气；②地表水；③噪声；④土壤。 监测频次：①环境质量监测：二年监测一次；②污染物排放监测：一年一次	30	能准确描述：大气、水、噪声等污染监测的内容，少描述1项扣5分。 掌握环境质量监测、污染物排放监测频次，答错1项扣5分			
2	环境监测要求	环境监测要求： ①输油气站、库工业废气排放筒应设监测采样孔。 ②输油气站、库废水排放口应进行规范化管理。废水排放口配备必要的测流条件。 ③站库区的排污及正常生产运行中的环境监测数据应齐全、准确，按要求记录、存档并建立台账。 ④保留好废水排放监测报告、厂界噪声监测报告、废气排放检测报告	70	少描述一项扣10分			
	合计		100				

考评员   年   月   日

九、S-AQ-05-Z03 污染源管理和排放控制——判断污染物排放达标情况，制定达标措施，定期监测

1. 考核时间：20min。
2. 考核方式：步骤描述。
3. 考核评分表。

考生姓名：_____ 单位：_____

序号	工作步骤	工作标准	配分	评分标准	扣分	得分	考核结果
1	依据环境监测报告，判断污染物排放是否达标	参照环境监测报告，判断是否超标排放，如下：①废水三级排放标准（pH 值为 6~9，COD500mg/L，石油类 20mg/L，悬浮物 400mg/L，硫化物 1.0mg/L）②燃油锅炉热媒炉废气排放标准（颗粒物 60mg/m³，二氧化硫 300mg/m³，氮氧化物 400mg/m³，林格曼黑度 1 级）③地点噪声 [85db（A）]	50	能准确回答出标准规定数值，答错 1 项扣 5 分			
2	制订达标措施，并定期监测	掌握污染防治措施制定原则及内容：①制订应急预案；②定期排查整改隐患；③加强环境保护知识及技能教育；④危险作业办理作业许可，并现场监护⑤明确责任人等	50	掌握污染防治措施制订原则及内容，答错 1 项扣 10 分			
		合计	100				

考评员 年 月 日

十、S-AQ-05-Z04 固体废物管理及处置——组织危险废弃物处置

1. 考核时间：20min。
2. 考核方式：步骤描述。
3. 考核评分表。

考生姓名：_____ 单位：_____

序号	工作步骤	工作标准	配分	评分标准	扣分	得分	考核结果
1	填报危险废物管理计划	了解危险废物计划基本内容包括：①种类、②产生量、③流向、④贮存、⑤处置	50	准确描述固体废弃物管理规定，答错 1 项扣 10 分			
2	依据法规标准，组织危险废弃物处置	掌握危险废弃物处置要点，包括：①储存场所需设置警示标志、②采取防泄漏措施、③建立相应处置台账、④办理转运手续	50	准确描述危险废弃物处置步骤，答错 1 项扣 10 分			
		合计	100				

考评员 年 月 日

十一、S/W-AQ-06-Z01 违章行为监督检查——GPS 车载终端管理及监控平台超速处理

1. 考核时间：20min。
2. 考核方式：步骤描述。
3. 考核评分表。

考生姓名：_____　　　　　　　　　　单位：_____

序号	工作步骤	工作标准	配分	评分标准	扣分	得分	考核结果
1	GPS 车载终端安装使用拆除	除①消防车辆；②管道维抢修特种车辆(挖掘机、装载机、吊车)以外必须安装 GPS 车载终端；③站队通过 GPS 系统对车辆运行情况进行日常检查考核；④拆除的车载终端应妥善保管并作好记录	40	①~④每项描述不清，扣 10 分			
2	GPS 监控平台超速处理	①登录 GPS 监控平台；②点击超速报警信息；③发送信息栏选择"请减速慢行，注意安全"；④报警原因栏选择"超速报警"；⑤处理方式栏选择"短信通知司机"；⑥点击处理完成	60	未进行①②⑥操作，60 分全部扣掉。③~⑤选择错误一项扣 10 分			
	合计		100				

考评员　　　　　　　　　　　　　　　　　　　　年　　月　　日

十二、S/W-AQ-06-Z02 机动车检查及安全教育——特殊环境交通安全分析

1. 考核时间：20min。
2. 考核方式：步骤描述。
3. 考核评分表。

考生姓名：_____　　　　　　　　　　单位：_____

序号	工作步骤	工作标准	配分	评分标准	扣分	得分	考核结果
1	特殊交通环境识别	特殊交通环境包括：①夜间行车；②雨天行车；③雾天行车；④冰雪天行车；⑤山区行车；⑥高速公路行车；⑦隧道行车；⑧立交桥行车等	80	①~⑧缺一项扣 10 分			

续表

序号	工作步骤	工作标准	配分	评分标准	扣分	得分	考核结果
2	特殊交通环境风险分析	①对特殊交通环境进行危险分析；②提出行车安全要求；参考管道公司《驾驶员安全行车手册》	20	①②缺一项扣10分			
	合计		100				

考评员　　　　　　　　　　　　　　　　　　　年　　月　　日

十三、S-AQ-07-Z01 站队消防档案管理——编制站队消防档案

1. 考核时间：20min。
2. 考核方式：步骤描述。
3. 考核评分表。

考生姓名：＿＿＿＿＿＿＿＿＿　　　　　　　　　单位：＿＿＿＿＿＿＿＿＿

序号	工作步骤	工作标准	配分	评分标准	扣分	得分	考核结果
1	编制站队消防档案	站队消防档案包括：①消防安全基本情况；②消防安全管理情况。主要包括：③消防安全重点部位；④消防设计审核、验收以及监督检查文件；⑤消防管理组织机构和责任人；⑥消防安全制度；⑦消防设施器材管理台账；⑧灭火和应急疏散预案及演练记录；⑨消防设施检查记录；⑩消防设施检测报告；⑪隐患及其整改记录；⑫消防安全培训记录	90	①~⑫缺一项扣10分			
2	消防档案维护	定期对消防档案进行更新，并上报当地政府公安消防部门备案	10	未描述清楚扣10分			
	合计		100				

考评员　　　　　　　　　　　　　　　　　　　年　　月　　日

十四、S/W-AQ-07-Z02 义务消防队管理——义务消防队员培训及演练

1. 考核时间：20min。
2. 考核方式：步骤描述。
3. 考核评分表。

考生姓名：＿＿＿＿＿＿＿＿＿　　　　　　　　　　　　　单位：＿＿＿＿＿＿＿＿

序号	工作步骤	工作标准	配分	评分标准	扣分	得分	考核结果
1	确定义务消防队员	①消防安全责任人； ②消防安全管理人员； ③消防控制室值班人员； ④易燃易爆危险岗位人员	20	①～④缺一项扣5分			
2	组织义务消防员进行培训演练	培训内容包括： ①火灾类别； ②消防标识； ③扑救火灾技能； ④自救逃生方法。 演练内容包括： ⑤消防器材使用； ⑥消防设施操作； ⑦应急逃生疏散； ⑧火灾报警	80	①～⑧缺一项扣10分			
	合计		100				

考评员　　　　　　　　　　　　　　　　　　　　　　　　年　　月　　日

十五、S／W-AQ-07-Z05 可燃和有毒气体检测报警器——可燃和有毒气体检测报警器检查

1. 考核时间：20min。
2. 考核方式：步骤描述。
3. 考核评分表。

考生姓名：＿＿＿＿＿＿＿＿＿　　　　　　　　　　　　　单位：＿＿＿＿＿＿＿＿

序号	工作步骤	工作标准	配分	评分标准	扣分	得分	考核结果
1	可燃及有毒气体报警器日常检查	日常检查包括： ①现场探测器外观及显示正常； ②报警控制器状态完好； ③对于误报、故障记录，提交指定维护单位进行检修	60	①～③缺一项，扣20分			
2	可燃及有毒气体报警器检定	①配合资质单位进行检定，检定不合格报警器； ②提交指定维护单位进行更换或维修	40	①②缺一项，扣20分			
	合计		100				

考评员　　　　　　　　　　　　　　　　　　　　　　　　年　　月　　日

十六、S／W-AQ-08-Z01-01 施工准备——作业安全分析开展

1. 考核时间：20min。
2. 考核方式：步骤描述。
3. 考核评分表。

考生姓名：＿＿＿＿＿＿＿＿＿＿＿　　　　　　　　　　　　单位：＿＿＿＿＿＿＿＿＿＿＿

序号	工作步骤	工作标准	配分	评分标准	扣分	得分	考核结果
1	组织成立作业安全分析小组	①按安全分析小组组成要求，选择合适人员成立作业安全分析小组；②按工程要求，搜集相关信息，实地考察工作现场，核查相关内容	20	缺一项扣10分			
2	作业安全分析开展确认	①掌握作业安全分析应用范围；②组织相关专业工程师对工作任务进行审查，确认相关作业是否需要开展作业安全分析	20	缺一项扣10分			
3	制订作业安全分析计划	①组织相关人员制订作业安全分析计划；②考察工作现场，核查相关内容	10	缺一项扣5分			
4	初步审查	若初步审查判断出的工作任务风险无法接受，则应停止该工作任务，或者重新设定工作任务内容	10	未进行此项不得分			
5	开展作业安全分析	①划分作业步骤；②识别危害因素；③对存在潜在危害的关键活动或重要步骤进行风险评价，根据判别标准确定初始风险等级和风险是否可接受；④制订风险控制措施	20	缺一项扣5分			
6	进行风险沟通	①让涉及此项工作的每个人理解工作任务所涉及的活动细节及相应的风险、控制措施；②参与此项工作的人员进一步识别可能遗漏的危害因素	20	缺一项扣10分			
	合计		100				

考评员　　　　　　　　　　　　　　　　　　　　　　年　　月　　日

十七、W-AQ-08-Z03 动火作业管理——动火作业现场过程管理

1. 考核时间：20min。
2. 考核方式：步骤描述。
3. 考核评分表。

考生姓名：＿＿＿＿＿＿＿＿＿＿＿　　　　　　　　　　　　单位：＿＿＿＿＿＿＿＿＿＿＿

序号	工作步骤	工作标准	配分	评分标准	扣分	得分	考核结果
1	识别动火作业风险	按《动火作业安全管理规定》要求，①掌握动火作业施工过程安全管理要求，②识别出动火作业存在的风险，③落实风险控制措施	30	缺一项扣10分			

续表

序号	工作步骤	工作标准	配分	评分标准	扣分	得分	考核结果
2	编制动火方案	参与编制审核动火作业方案中的HSE措施内容，明确职责	10	未进行此项不得分			
3	安全监督监护	①核实动火方案落实情况；②动火监护人应坚守作业现场，做好安全监护工作；③对发现的不安全行为及时中止作业，采取风险防范措施	30	缺一项扣10分			
4	气体检测	动火前和作业过程中定期对作业区域或动火点可燃气体浓度进行检测	10	未进行此项不得分			
5	应急处理	①动火过程中，应制止现场"三违"行为，当发现或预见到有施工作业风险时，要求施工人员及时停止作业，采取正确措施排险后，再继续动火作业；②如遇突发情况，启动应急预案	20	缺一项扣10分			
	合计		100				

考评员　　　　　　　　　　　　　　　　　　　　　　　　　　　　　　年　　　月　　　日

十八、S-AQ-08-Z01 组织并参加月度生产安全检查

1. 考核时间：20min。
2. 考核方式：步骤描述。
3. 考核评分表。

考生姓名：＿＿＿＿＿＿＿＿＿　　　　　　　　　　　　　　　单位：＿＿＿＿＿＿＿＿＿

序号	工作步骤	工作标准	配分	评分标准	扣分	得分	考核结果
1	组织编制检查表	可根据检查形式、特点编制检查表，编制要求：①基层站队每月组织一次本站队的全面检查②各站队分专业建立检查表，纳入站队管理岗作业指导书，并结合各级检查发现问题、设备设施变更、管理业务调整等对检查表进行连带变更，作为定期检查的依据	50	掌握各种检查形式下的检查重点内容，答错一项扣5分			
2	对参加检查人员进行检查技术、标准培训	掌握检查标准，对检查人员培训，并留有记录：①培训教材；②培训签到；③培训其他记录	50	未留存记录扣10分			
	合计		100				

考评员　　　　　　　　　　　　　　　　　　　　　　　　　　　　　　年　　　月　　　日

十九、S/W-AQ-10-Z03 应急演练——应急预案演练分析评价

1. 考核时间：20min。
2. 考核方式：步骤描述。
3. 考核评分表。

考生姓名：_____　　　　　　　　　　　单位：_____

序号	工作步骤	工作标准	配分	评分标准	扣分	得分	考核结果
1	应急预案演练	按照演练计划，组织①《火灾现场处置预案》、②《公共卫生突发事件现场处置预案》、③《交通事故现场处置预案》、④《重大传染病疫情事件现场处置预案》、⑤《人体伤害现场处置预案》等、⑥并参与其他专业组织的演练	30	缺一项扣5分			
2	分析评价	针对演练过程和演练方案，组织或参与分析评价	20	未组织或参与评价扣20分			
3	识别存在的问题	①识别演练过程中存在的问题；②提出整改意见	30	缺一项，扣15分			
4	整改完善	针对演练出现的问题，组织或参与修订应急预案	20	未修订预案扣20分			
		合计	100				

考评员　　　　　　　　　　　　　　　　　　　　　　　年　　月　　日

二十、S/W-AQ-10-Z04 应急准备与响应——应急抢修现场 HSE 监护

1. 考核时间：20min。
2. 考核方式：步骤描述。
3. 考核评分表。

考生姓名：_____　　　　　　　　　　　单位：_____

序号	工作步骤	工作标准	配分	评分标准	扣分	得分	考核结果
1	安全环保措施的落实	按照抢修预案，落实事故应急现场安全环保措施	20	未落实安全环保措施扣20分			
2	突发事件处理	①识别现场风险隐患；②采取安全环保措施	20	缺一项扣10分			
3	安全监护	在抢险过程中，对抢修作业过程及人员进行监护，发现问题及时采取措施	20	未履行安全监护扣20分			
4	后期处理	应急处置结束后，组织开展①污染物的处理；②环境的恢复	20	缺一项扣10分			
5	总结评价	应急处置结束后，针对抢险全过程，组织开展应急救援能力评估及预案的修订	20	未进行总结评价扣20分			
		合计	100				

考评员　　　　　　　　　　　　　　　　　　　　　　　年　　月　　日

高级资质理论认证

高级资质理论认证要素细目表

行为领域	代码	认证范围	编号	认证要点
专业知识 B	A	风险隐患管理	01	危害因素识别与评价
			02	隐患排查与监督管理
			03	重大危险源监督与管理
			04	危险化学品监督与管理
	B	安全目视化管理	01	安全标识管理
			02	应急救生设施管理
	C	安全环保教育	01	主题推广活动
			02	安全教育
			03	安全活动
			04	进站安全
	D	职业健康管理	01	职业健康体检及监测
			02	员工保健津贴
			03	劳保用品管理
	E	环境保护管理	01	环境监测
			02	污染源管理和排放控制
			03	环保设施运行监督
			04	固体废物管理及处置
			05	绿色站队建设
	F	交通安全管理	01	驾驶员违章行为监督检查
			02	机动车检查及驾驶员安全教育
			03	出车审批及车辆管理
	G	消防安全管理	01	消防设备设施及器材检查维护
			02	站队志愿消防队管理
			03	站队消防设施检测
			04	可燃和有毒气体检测报警器管理
	H	施工安全管理	01	施工准备
			02	施工作业监督检查
			03	动火作业管理
	I	安全检查	01	安全检查与整改反馈
	J	应急管理	01	应急预案的编制
			02	应急演练
			03	应急准备与响应
	K	事故事件管理	01	事故事件上报
			02	事故事件调查与统计分析
			03	安全经验分享

高级资质理论认证试题

一、单项选择题(每题4个选项，将正确的选项号填入括号内)

第二部分　专业知识

风险隐患管理部分

1. BA03 额定蒸汽压力大于( )，且额定蒸发量大于等于( )的蒸汽锅炉，可判定为重大危险源。

A. 2.0MPa，5t/h　　　B. 2.0MPa，10t/h　　　C. 2.5MPa，5t/h　　　D. 2.5MPa，10t/h

2. BA03 额定出水温度大于等于( )，且额定蒸发量大于等于( )的热水锅炉，可判定为重大危险源。

A. 100℃，6MW　　　B. 100℃，10MW　　　C. 120℃，14MW　　　D. 120℃，18MW

3. BA03 易燃介质，最高工作压力大于( )，且 PV 大于( )压力容器(群)，可判定为重大危险源。

A. 0.1MPa，50MPa·m³　　　　　　　　B. 0.1MPa，100MPa·m³

C. 0.2MPa，50MPa·m³　　　　　　　　D. 0.2MPa，100MPa·m³

4. BA03 输送有毒、可燃、易爆气体，且设计压力大于( )的长输管道，可判定为重大危险源。

A. 1.0MPa　　　B. 1.6MPa　　　C. 2.0MPa　　　D. 2.4MPa

5. BA03 输送有毒、可燃、易爆液体介质，输送距离大于等于( )且管道公称直径≥( )的长输管道，可判定为重大危险源。

A. 100km，200mm　　B. 100km，300mm　　C. 200km，200mm　　D. 200km，300mm

6. BA03 中压和高压燃气管道，且公称直径大于等于( )，可判定为重大危险源。

A. 100mm　　　B. 200mm　　　C. 300mm　　　D. 400mm

7. BA03 危险化学品重大危险源配备温度、压力、液位、流量等信息的不间断采集和监测系统以及可燃气体和有毒有害气体泄漏检测报警装置，并具备信息远传、连续记录、事故预警、信息存储等功能，记录的电子数据的保存时间不少于( )天。

A. 10　　　B. 30　　　C. 60　　　D. 180

8. BA03 在 GB 18218—2009《危险化学品重大危险源辨识》中，单元是指一个(套)生产装置、设施或场所，或同属一个生产经营单位的且边缘距离小于( )的几个(套)生产装置、设施或场所。

A. 200m　　　B. 500m　　　C. 800m　　　D. 1000m

安全环保教育部分

9. BC04 以下不是进站安全教育主要内容的是( )。

A. 本站概况及主要危险源　　　　　　B. 进站安全须知

C. 本站应急逃生路线　　　　　　　　D. 相关法律法规

职业健康管理部分

10. BD01 向用人单位提供可能产生职业病危害的设备的，应当提供（　　）说明书，并在设备的醒目位置设置警示标识和（　　）警示说明。

A. 中英文，中英文　　　　　　　　　B. 英文，中文

C. 中文，中文　　　　　　　　　　　D. 中文，英文

11. BDC01 用人单位应当按照国务院安全生产监督管理部门的规定，定期对工作场所进行职业病危害因素（　　）、评价。

A. 监测　　　　　B. 监督　　　　　C. 检查　　　　　D. 检测

12. BD02 根据接触有毒物质和对人体危害程度的不同，可享受乙类保健津贴的人员（　　）。

A. 喷漆操作人员　　　　　　　　　　B. 油漆操作人员

C. 封堵操作人员　　　　　　　　　　D. 管道施工现场防腐补口人员

13. BD03 当工艺、设备、设施发生（　　）时，各单位安全管理部门应组织对劳动防护用品的适用性和有效性进行识别和评估，并采取相应措施。

A. 变更　　　　　B. 故障　　　　　C. 重大变更　　　　　D. 不变

环境保护管理部分

14. BE01 污染物排放必须符合政府规定的污染物排放标准，固体废物处置应当满足有关技术规范要求，并依法缴纳排污费。（　　）万元以下由所属单位安全、财务部门审批。

A. 5　　　　　B. 10　　　　　C. 5　　　　　D. 3

15. BE01 输油气站内生产区段应根据其生产特点进行绿化，其绿化面积达到可绿化面积的（　　）。

A. 95%　　　　　B. 90%　　　　　C. 85%　　　　　D. 80%

16. BE01 在每项工作开始前、项目开工前、每项生产活动开始前、日常生产管理活动发生变化时，或环境法律法规及标准更新时，均要按照（　　）进行环境因素识别、风险评价，同时制订相应管理措施，并实施和检查。

A.《安全因素识别、评价与控制管理程序》　　B.《健康因素识别、评价与控制管理程序》

C.《环境因素识别、评价与控制管理程序》　　D.《质量因素识别、评价与控制管理程序》

17. BE02 输油气站废水应接（　　）原则，根据排放废水的水质、水量、处理方法，合理布置排水系统。

A. 先进后出　　　　B. 先下后上　　　　C. 清、污分流　　　　D. 清污混流

18. BE02 清罐时，沉淀的含油泥沙宜用（　　）进行分离处理，清出的原油应进行回收；无特殊情况，均应采用机械回收装置进行清罐。

A. 纯净水　　　　　B. 酒精　　　　　C. 84 消毒液　　　　　D. 蒸汽或热水

消防安全管理部分

19. BG01 泡沫液按照国标要求储存期为（　　），泡沫罐装及备用桶装泡沫液应妥善储存，避免潮湿、阳光照晒以及接触化学物品，到达规定期限必须按规定报废。

A. 6 年　　　　　　　B. 8 年　　　　　　　C. 10 年　　　　　　D. 12 年

20. BG01 消防自动喷淋系统启动后，冷却水到达指定罐喷淋冷却时间应不大于(　　　)。

A. 3min　　　　　　　B. 5min　　　　　　　C. 8min　　　　　　D. 10mib

21. BG01 辅助性自发光疏散指示标志，当正常光源变暗后应自发光，持续时间不应低于(　　　)。

A. 10min　　　　　　B. 20min　　　　　　C. 30min　　　　　D. 40min

22. BG01 对火灾自动报警系统、气体灭火系统、水喷雾自动灭火系统及安全附件，应当每隔(　　　)个月委托具有相应检查测试和维修保养资质的部门进行一次检测和维修保养。

A. 3　　　　　　　　B. 6　　　　　　　　C. 12　　　　　　　D. 24

23. BG02 依据 GB 50183—2004《石油天然气工程设计防火规范》，油品储存总容量大于等于 100000m³ 的油库属于(　　　)站场。

A. 一级　　　　　　　B. 二级　　　　　　　C. 三级　　　　　　D. 四级

24. BG02 下列灭火器不适用 A 类火灾的是(　　　)。

A. 磷酸铵盐干粉灭火器　　　　　　　　B. 碳酸氢钠干粉灭火器

C. 泡沫灭火器　　　　　　　　　　　　D. 清水

25. BG02 下列不相容的灭火剂是(　　　)。

A. 磷酸铵盐与碳酸氢钠　　　　　　　　B. 蛋白泡沫与氟蛋白泡沫

C. 二氧化碳与磷酸铵盐　　　　　　　　D. 二氧化碳与水成模泡沫

26. BG03 火焰探测器应(　　　)个月使用测试灯进行一次测试，建立定期的清洁时间表，清洁探测器的光学表面，以确保整个防火系统的安全。

A. 1　　　　　　　　B. 3　　　　　　　　C. 6　　　　　　　　D. 12

27. BG04 各输油站、维修队应配备与介质相符的标准气样，(　　　)采用标准气样对可燃气体报警器进行校对。

A. 每月　　　　　　　B. 每季　　　　　　　C. 半年　　　　　　D. 一年

施工安全管理部分

28. BH03 在受限空间和超过(　　　)的作业坑内动火作业，应根据现场环境及可燃气体浓度和含氧量检测情况确定是否采取强制通风措施。

A. 0.5m　　　　　　B. 1m　　　　　　　C. 2m　　　　　　　D. 3m

29. BH03 动火作业坑除满足施工作业要求外，应在管道两侧分别有上下通道(同时应满足不在作业坑同一端)，通道坡度应小于(　　　)。

A. 20°　　　　　　　B. 30°　　　　　　　C. 40°　　　　　　　D. 50°

30. BH03 如对管道进行封堵，封堵作业坑与动火作业坑之间应有不小于(　　　)的间隔墙。

A. 1m　　　　　　　B. 2m　　　　　　　C. 3m　　　　　　　D. 4m

31. BG03 距动火点(　　　)内所有的漏斗、排水口、各类井口、排气管、管道、地沟等应封严盖实。

A. 5m　　　　　　　B. 10m　　　　　　　C. 15m　　　　　　D. 20m

事故事件管理部分

32. BK02 某员工高处作业时，触电后高处坠落死亡，该事故属于(　　)。
   A. 高处坠落事故　　B. 触电事故　　　　C. 电伤事故　　　　D. 灼烫事故

33. BK02 从业人员经过安全教育培训，了解岗位操作规程，但未遵守而造成事故的，行为人应负(　　)责任，有关负责人应负管理责任。
   A. 领导　　　　　　B. 管理　　　　　　C. 直接　　　　　　D. 间接

34. BK02 下列对"四不放过"说法错误的是(　　)。
   A. 事故原因不清楚不放过　　　　　　　B. 责任人员未处理不放过
   C. 整改措施未落实不放过　　　　　　　D. 有关人员未受到处罚不放过

35. BK02 对大量生产安全事故的分析表明，生产经营单位的安全生产(　　)导致事故发生的重要原因之一。
   A. 规模小　　　　　B. 意识不足　　　　C. 人员不足　　　　D. 投入不足

二、判断题(对的画"√"，错的画"×")

第二部分　专业知识

风险隐患管理部分

(　　)1. BA03 危险化学品重大危险源的生产装置装备应满足安全生产要求的自动化控制系统；一级重大危险源应具备紧急停车系统。

(　　)2. BA03 重大危险源中储存剧毒物质的场所或者设施，应设置视频监控系统。

安全环保教育部分

(　　)3. BC02 站队级安全教育应该包括本站队主要危险有害及环境因素分布情况，重点安全注意事项，操作规程和健康、安全、环境管理规章制度。

(　　)4. BC02 本岗位(工种)的生产流程及工作特点和注意事项属于站队级安全教育内容。

(　　)5. BC02 站队级安全教育内容还应包括典型事故案例及事故应急处理措施等。

(　　)6. BC02 站队安全教育内容应该包括安全设施、工器具、个人劳动防护用品、急救器材、消防器材的性能和使用方法及火警和急救联系方法，预防事故和职业危害的主要措施。

(　　)7. BC02 安全工程师对特种作业人员教育和持证上岗情况进行监督。

职业健康管理部分

(　　)8. BD01 员工不再从事有害作业，其离岗时就可不必进行健康检查。

(　　)9. BD02 从事有害健康作业连续4h以上者，按一天计算，不足4h者，按时间计算。

(　　)10. BD03 根据配备规定及使用岗位需求和建议，编制员工个人劳动防护用品计划，确保公司范围内劳动防护用品的标准、功能、颜色、款式、标志"五统一"。

（　　）11. BD03 工种变化的防护用品，按新老工种规定年限长的计算，期满后，按新工种标准发放防护用品。

环境保护管理部分

（　　）12. BE02 凡生产场所或站场厂界噪声超过标准时，应采取吸声、隔声、消声、阻尼、减振等技术措施减低噪声。

（　　）13. BE02 在油品储罐组内地面及土筑防火堤坡面可植生长高度不超过 1m、四季常绿的草皮。

消防安全管理部分

（　　）14. BG01 灭火器应放置在干燥、无腐蚀性的位置，在室外放置时应采用防晒、防水、防高温的消防棚进行防护。

（　　）15. BG01 二级及以上油库、输气站配置 4 套压缩空气呼吸器，2 套过滤式防毒面具；输油站配置 2 套压缩空气呼吸器，2 套过滤式防毒面具；维抢修队配置 2 套压缩空气呼吸器，2 套过滤式防毒面具。

（　　）16. BG01 每个输油气分公司配备 2 台充气泵，管线 1000km 以上的输油气分公司可配备 3 台。

（　　）17. BG01 损坏的呼吸保护设备站队应自行维修，在修复和更换之前应做明显标识以免误用；禁止自行对呼吸保护设备进行任何形式的改造。

（　　）18. BG01 具有疏散功能的楼梯、走廊应设置防火门，防火门应具有自动闭合功能；具有疏散功能的楼梯、走廊、通道等应设置应急照明灯。

（　　）19. BG02 输油泵房、阀室、加热炉区、计量间等 B 类以及使用、输送天然气等 C 类火灾场所应选择二氧化碳灭火器。

（　　）20. BG02 输油泵房电机间、变电所、配电间等高压电气设备的场所应选用二氧化碳灭火器或磷酸铵盐干粉灭火器。

（　　）21. BG03 点型感烟探测器投入运行二年后，应每年全部清洗一次，并做响应阀值及其他必要的功能试验。

（　　）22. BG03 消防自动启动并达到额定转速并发电的时间不应大于 1min，发电机运行及输出功率、电压、频率、相位的显示均应正常。

（　　）23. BG04 进入油气管道储运生产区域的各类罐、炉膛、锅筒、管道、容器、阀井、排污池与作业坑等进出受到限制和约束的封闭、半封闭设备、设施时，必须携带便携式氧含量检测仪，并检测确认氧气浓度满足要求。

事故事件管理部分

（　　）24. DK02 事故事件统计时还应兼顾历史数据，历史数据一般按照事故分级、季节分布情况进行统计分析，通过分析找出事故、事件管理方面的缺陷，不断采取有效措施强化管理，有效预防事故、事件的发生。

三、简答题

第二部分　专业知识

风险隐患管理部分

1. BA03 重大危险源登记档案应包括哪些内容？

安全环保教育部分

2. BC02 三级安全教育站队级安全教育其主要内容包括什么？

消防安全管理部分

3. BG02 站队消防档案应包括哪些内容？

施工安全管理部分

4. BH01 编制本站承包方入场前安全教育内容有哪些？

安全检查部分

5. BH01 对安全检查中问题整改有哪些要求？

应急管理部分

6. BJ03 突发水环境污染事件的处置原则是什么？

高级资质理论认证试题答案

一、单项选择题答案

1. D　2. C　3. B　4. B　5. D　6. B　7. B　8. B　9. D　10. C
11. D　12. A　13. C　14. A　15. B　16. C　17. C　18. D　19. B　20. B
21. B　22. C　23. A　24. 25. A　26. 27. B　28. B　29. D　30. B
31. C　32. A　33. C　34. D　35. B

二、判断题答案

1. ×危险化学品重大危险源的生产装置装备应满足安全生产要求的自动化控制系统；一级或者二级重大危险源，具备紧急停车系统。　2. √　3. √　4. ×本岗位（工种）的生产流程及工作特点和注意事项属于班组级安全教育内容。　5. √　6. √　7. √　8. ×员工不再从事有害作业，其离岗时就应进行健康检查。　9. ×从事有害健康作业连续4h以上者，按一天计算，不足4h者，不予计算。　10. √

11. ×工种变化的防护用品，按新老工种规定年限短的计算，期满后，按新工种标准发放防护用品。　12. √　13. ×在油品储罐组内地面及土筑防火堤坡面可植生长高度不超过0.15m、四季常绿的草皮。　14. √　15. √　16. √　17. ×损坏的呼吸保护设备必须暂停使用并送交本单位安全管理部门统一维修，在修复和更换之前应做明显标识以免误用；禁止自行对呼吸保护设备进行任何形式的改造。　18. √　19. ×输油泵房、阀室、加热炉区、计量间等 B 类以及使用、输送天然气等 C 类火灾场所应选择碳酸氢钠干粉灭火器、磷酸铵盐干粉灭火器。　20. √

21. ×点型感烟探测器投入运行二年后，应每隔三年全部清洗一次，并做响应阀值及其他必要的功能试验。　22. ×消防自动启动并达到额定转速并发电的时间不应大于 30s，发电机运行及输出功率、电压、频率、相位的显示均应正常。　23. √　24. √

三、简答题答案

1. BA03 重大危险源登记档案应包括哪些内容？

答：①重大危险源辨识、分级记录；②重大危险源基本特征表；③涉及化学品的安全技术说明书；④区域位置图、平面布置图、工艺流程图和主要设备一览表；⑤重大危险源安全管理规章制度及安全操作规程；⑥安全监测监控系统、措施说明、检测、检验结果；⑦重大危险源事故应急预案、评审意见、演练计划和评估报告；⑧重大危险源关键装置、重点部位的责任人、责任机构名称；⑨安全评估报告或者安全评价报告。

评分标准：答对①~⑨各占 11%。

2. BC02 三级安全教育站队级安全教育其主要内容包括什么？

答：①本站队的安全生产、职业卫生、环境管理状况；②本站队主要危险有害及环境因素分布情况，重点安全注意事项，操作规程和健康、安全、环境管理规章制度；③安全设施、工器具、个人劳动防护用品、急救器材、消防器材的性能和使用方法及火警和急救联系方法，预防事故和职业危害的主要措施；④典型事故案例及事故应急处理措施等。

评分标准：答对①~④各占 25%。

3. BG02 站队消防档案应包括哪些内容？

答：(1)消防安全基本情况应当包括以下内容：①站队基本概况和消防安全重点部位情况；②建筑物的消防设计审核、消防验收以及消防安全检查的文件、资料；③消防管理组织机构和各级消防安全责任人；④消防安全制度；⑤消防设施、灭火器材情况；⑥专职消防队、志愿消防队人员及其消防装备配备情况；⑦与消防安全有关的重点工种人员情况；⑧新增消防产品、防火材料的合格证明材料；⑨灭火和应急疏散预案。

(2)消防安全管理情况应当包括以下内容：①公安消防机构填发的各种法律文书；②消防设施定期检查记录、自动消防设施全面检查测试的报告以及维修保养的记录；③火灾隐患及其整改情况记录；④防火检查、巡查记录；⑤有关燃气、电气设备检测(包括防雷、防静电)等记录资料；⑥消防安全培训记录；⑦灭火和应急疏散预案的演练记录；⑧火灾情况记录；⑨消防奖惩情况记录。

评分标准：答对(1)(2)各占 50%，本题答对要点即可。

4. BH01 编制本站承包方入场前安全教育内容有哪些？

答：①单位情况简介，主要包括单位简况、项目简介；HSE 管理方针、目标、指标；

场地应急疏散通道和设施的位置及使用要求；培训教育的目的等，注意不能有涉密内容。②安全基本常识，原油、成品油、天然气的基本知识，重点是燃爆危险性和防范要求；各种安全色的含义和用途；站场所有安全标语和标识的含义和要求；个人防护用品的穿戴和使用要求，主要有：安全帽、安全眼镜、安全手套、安全鞋、工作服等。③入场 HSE 管理规定，外来人员应遵守进出站登记制度，否则不准进站。输油气站是一级防火单位，生产区内严禁吸烟，禁止携带有毒有害、易燃易爆物品进入生产区，进站人员应交出火种。进站由站内人员陪同或指引，不得私自动用站内设备、设施。在发生紧急情况时，接受站内人员的疏导。车辆进出站场应接受检查和登记。未经许可，车辆不得进入生产区，必须进入的车辆须戴防火帽，并按指定路线减速行驶、在指定位置停放。承包方应按规范施工，施工作业区内应根据需要设置醒目的安全警示牌、警戒带；施工过程中自觉使用好个人防护用品，保障安全健康；施工结束后应按要求对有限空间、电气设备等实施锁定管理。④许可制度，简介承包方施工过程中可能会涉及的各项许可作业的管理要求，明确凡进行承包方许可作业也必须按照规定申请、审批和实施。主要涉及的许可作业包括：临时用电、受限空间、高处作业、挖掘作业、吊装作业等。

评分标准：答对①~④各占 25%。

5. BH01 对安全检查中问题整改有哪些要求？

答：①在上级检查中被检查基层单位应按照专业分工对问题项进行原因分析并制订整改计划、措施，并按规定计划、措施对不符合和问题项进行整改；②汇总整改结果于检查后15 个工作日内报检查的牵头组织部门，检查的牵头部门组织相关专业或由相关专业部门委托进行验证；③对于不能按计划及时解决的问题，被检查单位要编制书面原因说明并制订整改工作计划，上报专业主管部门审核批准后方可实施；④专业主管部门定期进行跟踪了解、掌握整改进度，直至问题解决。站队级检查发现问题要形成问题清单，逐项进行跟踪，直至问题彻底解决。

评分标准：答对①~④各占 25%。

6. BJ03 突发水环境污染事件的处置原则是什么？

答：①采取有效措施尽快切断污染源。②迅速了解、收集事发地下游一定范围的地表及地下水文条件、重要保护目标及分布情况。③采取拦截、吸收、稀释、分解等有效措施，降低水中污染物浓度。④如油品流入河流，应在泄漏地点以最快的速度围堵油品，控制油品不再流入河流。⑤快速在河道设置围油栏；在适当位置用钢管等构筑过水坝，利用坝面形成较平缓水面，利于收集油品。⑥利用拦油坝、阀门等控制上游水位，尽量使上游来水截住或分流。⑦拦油后在河边设置回流坑，使拦截的油品自动流入，利用自动收油或人工方式收集油品。⑧快速清理河道，及时清理河道两岸和水中的污染物。

评分标准：答对①~⑧各占 12.5%。

高级资质工作任务认证

高级资质工作任务认证要素细目表

模块	代码	工作任务	认证要点	认证形式
一、风险隐患管理	S/W-AQ-01-G01	危害因素管理	健康、环境、安全危害因素评价	步骤描述
	S/W-AQ-01-G02	事故隐患管理	事故隐患评估	步骤描述
三、安全环保教育	S/W-AQ-03-G02	安全教育	站队级安全教育教材编制	步骤描述
四、职业健康管理	S/W-AQ-04-G03	劳保用品管理	识别劳保用品、开展统计分析	步骤描述
五、环境保护管理	S-AQ-05-G01	环境监测	污染物对环境的危害及管理标准	步骤描述
	S-AQ-05-G02	污染源管理和排放控制	制订污染治理措施	步骤描述
	S-AQ-05-G04	固体废物管理及处置	识别危险废弃物	步骤描述
七、消防安全管理	S/W-AQ-07-G05	可燃和有毒气体检测报警器管理	可燃和有毒气体检测报警器故障排查	步骤描述
八、施工安全管理	S/W-AQ-08-G01	施工准备	承包方入场前安全教育	步骤描述
九、安全检查	S/W-AQ-09-G01	安全检查	问题总结分析和预防措施提出	步骤描述

高级资质工作任务认证试题

一、S/W-AQ-01-G01 危害因素管理——健康、环境、安全危害因素评价

1. 考核时间：20min。
2. 考核方式：步骤描述。
3. 考核评分表。

考生姓名：＿＿＿＿＿＿＿＿　　　　　　　　　　单位：＿＿＿＿＿＿＿＿

序号	工作步骤	工作标准	配分	评分标准	扣分	得分	考核结果
1	风险评价	对识别出的危害因素采取①矩阵法进行评价，根据②后果和③可能性，确定④风险等级，形成⑤危害因素风险评价清单	25	①～⑤每缺一项扣5分			

续表

序号	工作步骤	工作标准	配分	评分标准	扣分	得分	考核结果
2	重要环境因素评价	①废水；②废气；③噪声；④固废等环境因素采取；⑤直接判断评价。评价标准依据《环境因素识别、评价与控制管理程序》	25	①~⑤每缺一项扣5分			
3	风险控制措施制订	①遵循"消除、替代、降低、隔离、个体防护、警告"的优先顺序，实行分级控制，②法律法规的强制性要求必须予以控制；③对中、高度风险要重点制订风险控制措施；④对低风险应保持现有控制措施的有效性，并予以监控。⑤中、高度风险按投资控制、运行控制、应急准备与相应控制的优先次序进行控制	50	①~⑩每缺一项扣5分			
	合计		100				

考评员   年   月   日

二、S/W-AQ-01-G02 事故隐患管理——事故隐患评估

1. 考核时间：20min。
2. 考核方式：步骤描述。
3. 考核评分表。

考生姓名：_____   单位：_____

序号	工作步骤	工作标准	配分	评分标准	扣分	得分	考核结果
1	现场调查	①组织技术人员现场进行察看，②确定隐患位置、隐患状况、隐患监控措施及效果等基本资料	30	①10分②20分，描述不清酌情扣分			
2	风险评估	①根据事故隐患的可能性(频率)和严重程度(后果)；②根据HSE安全风险评价矩阵确定风险等级	20	缺少一项10分，描述不清酌情扣分			
3	隐患分级	①根据伤亡人数、财产损失、社会影响将事故隐患分为4类；②特别重大事故隐患、重大事故隐患、较大事故隐患和一般事故隐患	20	缺少一项，扣10分			
4	形成《事故隐患评估表》	评估表内容包括：①事故隐患的类别、等级；②事故隐患状况描述；③事故隐患整改方案及所需的资金估算等	30	缺少一项，扣10分			
	合计		100				

考评员   年   月   日

三、S/W-AQ-03-G02 安全教育——站队级安全教育教材编制

1. 考核时间：20min。
2. 考核方式：步骤描述。
3. 考核评分表。

考生姓名：_____   单位：_____

序号	工作步骤	工作标准	配分	评分标准	扣分	得分	考核结果
1	编制转岗和新入厂员工站队级安全教育教材	教材内容应包括： ①本站队的安全生产、职业卫生、环境管理状况； ②本站队主要危险有害及环境因素分布情况，重点安全注意事项，操作规程和健康、安全、环境管理规章制度； ③安全设施、工器具、个人劳动防护用品、急救器材、消防器材的性能和使用方法及火警及急救联系方法，预防事故和职业危害的主要措施； ④典型事故案例及事故应急处理措施等	60	教材内容缺一项扣15分			
2	编制转岗和新入厂员工站队级安全教育题库	考试题内容应与本岗位要求掌握安全知识有关	40	考试题与教材内容不一致，扣40分。考试题无针对性，扣20分			
	合计		100				

考评员   年   月   日

四、S/W-AQ-04-G03 劳保用品管理——识别劳保用品、开展统计分析

1. 考核时间：20min。
2. 考核方式：步骤描述。
3. 考核评分表。

考生姓名：_____   单位：_____

序号	工作步骤	工作标准	配分	评分标准	扣分	得分	考核结果
1	识别各岗位需求的劳动防护用品	劳动防护用品配备要求： ①按《员工个人劳动防护用品配备规定》为员工（含市场化用工）配备劳动防护用品； ②劳务用工人员的劳动防护用品根据工作需要，参照《员工个人劳动防护用品配备规定》配备； ③当工艺、设备、设施发生重大变更时，对劳动防护用品的适用性和有效性进行识别和评估	50	描述不准确1项扣10分			

序号	工作步骤	工作标准	配分	评分标准	扣分	得分	考核结果
2	对所属站队劳动防护用品总体使用情况进行分析	对所属站队总体使用情况开展分析，并形成记录： ①劳动防护用品个人使用情况调查表； ②劳动防护用品总体使用情况分析表； ③劳动防护用品识别表	50	简述总体使用情况分析的内容，少1项扣10分			
	合计		100				

考评员 　　　　　　　　　　　　　　　　　　　　　　　　　　年　　月　　日

五、S-AQ-05-G01 环境监测——污染物对环境的危害及管理标准

1. 考核时间：20min。
2. 考核方式：步骤描述。
3. 考核评分表。

考生姓名：_____　　　　　　　　　　　　单位：_____

序号	工作步骤	工作标准	配分	评分标准	扣分	得分	考核结果
1	掌握污染物对环境的危害	组织参与所属站队环境危害识别、评价工作，熟悉一般、重大环境风险评价方法，编制重大环境危害清单，上报所属分公司	50	未按要求组织开展识别、评价工作不得分；未上报扣10分			
2	掌握污染物管理要求	熟悉污染物管理要求： ①污染源管理实施分类管理，明确每个污染物排放口达标排放的责任人； ②污染物排放必须符合政府规定的污染物排放标准并依法缴纳排污费； ③危险废物处置应当委托有资质的单位处置； ④依法申请办理排污许可证	50	答错1项扣5分			
	合计		100				

考评员 　　　　　　　　　　　　　　　　　　　　　　　　　　年　　月　　日

六、S-AQ-05-G02 污染源管理和排放控制——制订污染治理措施

1. 考核时间：20min。
2. 考核方式：步骤描述。
3. 考核评分表。

考生姓名：_____　　　　　　　　　　　　单位：_____

序号	工作步骤	工作标准	配分	评分标准	扣分	得分	考核结果
1	制定污染治理措施	掌握污染防治措施制订原则及内容： ①明确治理时限； ②明确责任人或责任部门； ③落实治理资金； ④编制应急措施	100	掌握污染防治措施制定原则及内容，答错1项扣10分			
	合计		100				

考评员　　　　　　　　　　　　　　　　　　　　　　　　　年　　月　　日

七、S-AQ-05-G04 固体废物管理及处置——识别危险废弃物

1. 考核时间：20min。
2. 考核方式：步骤描述。
3. 考核评分表。

考生姓名：_____　　　　　　　　　　　　单位：_____

序号	工作步骤	工作标准	配分	评分标准	扣分	得分	考核结果
1	熟悉危险废弃物名录	熟悉危险废弃物名录并对所属站队危险废弃物进行识别，一般包括： ①HW08 废矿物油； ②HW09 油/水、烃/水混合物或乳化液； ③HW12 染料、涂料废物； ④HW36 石棉废物； ⑤HW49 其他废物	100	准确描述所属站队产生的危险废弃物，并进行风险评价识别，少答1项扣20分			
	合计		100				

考评员　　　　　　　　　　　　　　　　　　　　　　　　　年　　月　　日

八、S/W-AQ-07-G05 可燃和有毒气体检测报警器管理——可燃和有毒气体检测报警器故障排查

1. 考核时间：10min。
2. 考核方式：步骤描述。
3. 考核评分表。

考生姓名：_____　　　　　　　　　　　　　　单位：_____

序号	工作步骤	工作标准	配分	评分标准	扣分	得分	考核结果
1	报警器故障分析	当控制器显示"F"时，故障原因：①探测器信号线与电源线短路、②探测器与控制器之间地线开路。③当控制器显示"E"时，故障原因：探测器信号线与地线短路、④探测器电源线开路。⑤当探测器通入标准气样，控制器无反应或数值不达标，原因为探测传感器损坏或老化。⑥当控制器显示不归零，原因为零点漂移	60	①~⑥缺一项，10分			
2	报警器故障保修	故障报警器，①填写"报警器停用申请"；②经站队主管领导签字确认；③上报所属各单位主管部门审批后，方可停用。站队应根据现场实际情况；④制订落实安全措施	40	①~④缺一项，10分			
	合计		100				

考评员　　　　　　　　　　　　　　　　　　　　　　年　　月　　日

九、S/W-AQ-08-G01 施工准备——承包方入场前安全教育

1. 考核时间：20min。
2. 考核方式：步骤描述。
3. 考核评分表。

考生姓名：_____　　　　　　　　　　　　　　单位：_____

序号	工作步骤	工作标准	配分	评分标准	扣分	得分	考核结果
1	开展HSE培训	按《承包商HSE管理规定》要求，施工作业前，承包方应做好员工的HSE培训，并向其员工介绍所有潜在的风险和相关的问题	10	未进行此项不得分			
2	编制培训教材	参与编制培训教材，内容包括：单位情况简介、安全基本常识、入场HSE管理规定、许可制度	80	缺一项扣20分			
3	测验	对受培训人员进行一个小测验，了解培训效果。同时可咨询受培训人员还有什么问题和建议	10	未进行此项不得分			
	合计		100				

考评员　　　　　　　　　　　　　　　　　　　　　　年　　月　　日

十、S-AQ-08-G01 安全检查——问题总结分析和预防措施提出

1. 考核时间：20min。
2. 考核方式：步骤描述。
3. 考核评分表。

考生姓名：_____　　　　　　　　　　　　单位：_____

序号	工作步骤	工作标准	配分	评分标准	扣分	得分	考核结果
1	对安全检查发现问题进行总结分析	能熟练对检查出问题进行原因分析，找到问题存在的关键环节	50	问题原因分析不准确扣 10 分			
2	编制整改措施，提出预防措施	掌握整改措施编制原则： ①对问题原因进行分析； ②制定治理的目标和任务； ③采取的方法和措施； ④经费和物资的落实； ⑤负责治理的机构和人员； ⑥治理的时限和要求； ⑦防止整改期间发生事故的安全措施	50	回答不准确，少 1 项目扣 5 分			
合计			100				

考评员　　　　　　　　　　　　　　　　　　　　　　　　年　　月　　日

参 考 文 献

[1] 吴穹. 许开立. 安全管理学[M]. 北京：煤炭工业出版社，2002：1.

[2] 全国人大常委会法制工作委员会社会法室. 中华人民共和国安全生产法解读[M]. 北京：中国法制出版社，2014：7.

[3] 中国石油天然气集团公司安全环保部. 中国石油天然气集团公司 HSE 管理原则学习手册[M]. 北京：石油工业业出版社，2009：5.

[4] 刘铁民. 安全生产管理知识[M]. 北京：中国大百科全书出版社，2006：3.

[5] 罗云. 风险分析与安全评价[M]. 北京：化学工业出版社，2009：185.

[6] 中国石油天然气集团公司安全环保部. HSE 风险管理理论与实践[M]. 北京：石油工业出版社，2009：262.

[7] GB 6441—1986　企业职工伤亡事故分类标准[S].

[8] 环境保护部. 国家危险废物名录：环境保护部令第 39 号[EB/OL]. http://www.mep.gov.cn/gkml/hbb/bl/201606/t20160621_354852.htm. (2016-06-14)[2016-06-22].

[9] GB 18218—2009　危险化学品重大危险源辨识[S].

[10] Q/SY 1131—2013　重大危险源分级规范[S].

[11] 国家安全生产监督管理局等 10 部门. 危险化学品目录(2015 版)：安监总局公告[2015]第 5 号[EB/OL]. http://www.chinasafety.gov.cn/newpage/Contents/Channel_5492/2015/0309/247026/content_247026.htm. (2015-03-09)[2016-06-22].

[12] 国务院办公厅. 危险化学品安全管理条例：国务院令第 591 号[EB/OL]. http://www.gov.cn/flfg/2011-03/11/content_1822902.htm. (2011-03-11)[2016-06-22].

[13] GB 2893—2001　安全色[S].

[14] 国家安全监管总局. 危险化学品重大危险源监督管理暂行规定：总局令第 40 号[EB/OL]. http://www.chinasafety.gov.cn/newpage/Contents/Channel_5351/2011/0921/149181/content_149181.htm. (2015-08-27)[2016-06-22].

[15] 全国人大常务委员会. 中华人民共和国职业病防治法：主席令第 52 号[EB/OL]. http://www.moh.gov.cn/zwgkzt/pfl/201203/54444.shtml. (2011-12-31)[2016-07-03].

[16] 全国人大常务委员会. 中华人民共和国安全生产法：主席令第 13 号[EB/OL]. http://www.npc.gov.cn/wxzl/gongbao/2014-11/13/content_1892156.htm. (2014-11-13)[2016-06-22].

[17] GBZ 188—2014　职业健康监护技术规范[S].

[18] GBZ 2.1—2007　工作场所有害因素职业接触限值　化学有害因素 [S].

[19] GB 12348—2008　工业企业厂界环境噪声排放标准[S].

[20] GB 8978—1996　污水综合排放标准[S].

[21] GB 13271—2014　锅炉大气污染物排放标准[S].

[22] GB 9078—1996　工业炉窑大气污染物排放标准[S].

[23] GB 18597—2001　危险废物贮存污染控制标准[S].

[24] 中国石油天然气股份有限公司管道分公司. 移动式消防灭火设备手册：Q/SY GD 1089—2015[S]. 2015：2.

[25] GA 124—2013　正压式消防空气呼吸器标准[S].

[26] 国家质检总局. 气瓶安全监察规程气瓶安全监察规定(修订)：总局令第 166 号[EB/OL]. http://www.aqsiq.gov.cn/xxgk_13386/jlgg_12538/zjl/2015/201509/t20150914_449617.htm. (2015-08-25)[2016-06-22].

[27] Q/SY GD 1053—2014　输油气站库固定消防系统手册[S].

［28］全国人大常务委员会．中华人民共和国消防法：主席令第 6 号［EB/OL］. http://www.gov.cn/flfg/2008-
　　 10/29/content_1134208.htm.（2008-10-29）［2016-06-22］.

［29］中华人民共和国公安部．机关、团体、企业、事业单位消防安全管理规定：公安部令第 61 号［EB/
　　 OL］. http://www.ycsga.gov.cn/zwgk/zhengcefagui/2014-01-04/564.html.（2014-01-04）［2016-06-
　　 22］.

［30］何利民，高祁．油气储运工程施工［M］．北京：石油工业出版社，2007：8-12.

［31］Q/SY 1244—2009　临时用电安全管理规定［S］.

［32］SY/T 6150—2011　钢制管道封堵技术规程［S］.

［33］Q/SY GD 1091—2015　油气管道安全管理手册［S］.